Gärtnern
für wenig Geld

Gärtnern für wenig Geld

ANYA LAUTENBACH

INHALT

EINLEITUNG

Ich bin inmitten von naturbegeisterten Leuten aufgewachsen, die nie etwas verschwendeten. Lebensmittel und Blumen zu kultivieren war keine Wahl, sondern eine Notwendigkeit, um über die Runden zu kommen und gesund zu bleiben. Von klein auf lernte ich, wie man sich selbst versorgt. Wir nahmen Rücksicht auf die Umwelt und es prägte sich mir tief ein, dass die Natur das gleiche Existenzrecht hat wie wir Menschen. Dies gilt selbst für die kleinsten Insekten. Deshalb denke ich beim Gärtnern über die Grenzen meines eigenen Grundstücks und über meine eigenen Bedürfnisse hinaus, denn ich möchte zum Schutz unserer Umwelt beitragen. Mir ist es ein Anliegen, ohne großen Kapitaleinsatz erlebnisreiche Gärten im Einklang mit der Natur anzulegen.

Solch ein Garten, der zum Zufluchtsort für viele Wildtiere wird, muss nicht unermesslich viel kosten (sonst schiebt man es ständig hinaus, ihn angesichts der stets steigenden Lebenshaltungskosten anzulegen). Ich möchte mein Wissen über das Gärtnern und über die Vermehrung von Pflanzen weitergeben und es vielen Menschen ermöglichen, ihren Traumgarten kostengünstig anzulegen. Es kann gleich losgehen und ist wirklich einfach zu bewerkstelligen. Dabei entsteht Wunderbares, und das ohne große Kosten.

Seit über 30 Jahren ist die Vermehrung von Pflanzen meine Leidenschaft. In meiner Kindheit standen auf all unseren Fensterbänken die Stecklinge meiner Mutter – es waren bewurzelte Schätze. Als ich 12 Jahre alt war, hat sie meine Begeisterung für die Pflanzenvermehrung geweckt. »Zuhause ist dort, wo deine Pflanzen wachsen«, sagte sie. Als ich als Erwachsene begann, die Welt zu bereisen, und mich schon bald entwurzelt fühlte, wurde mir klar, wie recht sie damit hatte.

Meine Begeisterung für das Vermehren von Pflanzen hat mir auf meinem Lebensweg sehr geholfen, und ich habe nie damit aufgehört, seit ich vor über zwei Jahrzehnten von daheim weggegangen bin. Als ich als junge Mutter mit meinem Baby weit weg von zuhause lebte und mich den Herausforderungen des Lebens gegenübersah, begann ich wieder, Pflanzen zu vermehren, denn es war eine einfache und effektive Möglichkeit, meinen Garten zu bestücken. Inspiriert vom wunderschönen Garten meiner Schwiegermutter, kehrte ich zu meinen Wurzeln zurück. In meinem eigenen Garten wächst das Erbe früherer Generationen, aber auch meine eigenen Lieblingspflanzen. Er verweist außerdem in die Zukunft, weil ich meine Kinder in den Garten einbeziehe.

Wir müssen auf eine nachhaltigere Art und Weise gärtnern. Ich hoffe, dass dieses Buch für viele Menschen ein guter Anfang sein kann, um mit Freude und Begeisterung ihren Wunschgarten zu schaffen, ohne viel Geld auszugeben.

Kapitel 1

LOS GEHT'S!

Im Lauf der Zeit bin ich zu der Erkenntnis gelangt, dass es schön und sehr befriedigend ist, einen Garten anzulegen und mitzuerleben, wie er sich allmählich entwickelt. Es geht nicht darum, ein bestimmtes Ziel zu erreichen, sondern um die Freude an der Entwicklung. Weil sich die Natur nicht beschleunigen lässt, ist das Abwarten ein Teil des Prozesses.

WENIG KAUFEN UND NICHTS VERSCHWENDEN

Meine Großeltern warfen nie etwas weg. Ich erinnere mich daran, dass sie alte Töpfe aufbewahrten und alles Mögliche wiederverwendeten. Damals gab es noch keine Gartencenter. Stattdessen benutzten die Menschen nur das, was sie bereits besaßen, oder tauschten Dinge bei anderen ein. Obwohl sie nur einfache Gartengeräte besaß, zog meine Oma die schönsten Rosen, Dahlien und Lilien.

Heutzutage gärtnern die meisten Leute ganz anders. In der Regel fährt man häufig ins Gartencenter, um Möbel, Werkzeug und Substrate in Plastiksäcken zu kaufen. Außerdem Pflanzen – viele Pflanzen werden gekauft, ohne überlegt zu haben, ob sie in den Garten passen. Dann gehen die Werkzeuge kaputt, Pflanzerde geht zur Neige, Pflanzen sterben, weil sie einen anderen Boden bräuchten, und wir kommen erneut, um einzukaufen.

Obwohl ich mich schon immer für die Natur begeistert habe und versuche, umweltbewusst zu leben, bin ich wie jeder andere auch nicht perfekt. Früher habe ich Schneckenkorn verwendet und erst vor Kurzem bin ich auf torffreies Substrat umgestiegen. Aber als meine Söhne sich für die Insekten, Vögel und alle Arten von Tieren im Garten begeisterten, wurde mir klar, dass ich mehr tun muss, um das zu schützen, was sie lieben. Die Art und Weise, wie ich gärtnere, wird sich auf die Zukunft meiner Jungen auswirken. Ich möchte mit gutem Beispiel vorangehen – so wie es meine Großeltern einst für mich getan haben.

Links Selbst vermehrte Pflanzen wachsen in Töpfen aus zweiter Hand.

Umdenken

Wenn wir weniger konsumieren und verschwenden, arbeiten wir nachhaltiger und gärtnern im Einklang mit der Natur. Wir leben im Rhythmus der Jahreszeiten, wenn wir selbst aussäen. Viele Ausgaben sind unnötig. Oft werden Sommerblumen gekauft, ohne dass der Käufer oder die Käuferin weiß, wie man sie pflegt oder wie lange sie halten. Und alles mögliche Zubehör aus Plastik braucht man im Grunde nicht.

Ich will nicht behaupten, ich hätte nichts für meinen Garten ausgegeben. Natürlich kaufe ich Dinge, doch mein liebstes Gartenwerkzeug ist ein Buchenstecken, den mir mein Sohn vor Jahren geschnitzt hat. Ich nutze ihn zum Pikieren und zum Stecken von Stecklingen. Dieses vielseitige Werkzeug hat gar nichts gekostet.

Wir sollten darüber nachdenken, was wir wirklich neu kaufen müssen. Man kann online nach hochwertigen gebrauchten Artikeln suchen oder sich im Wertstoffhof umschauen. Bevor ich eines Tages neue Plastiktöpfe kaufen müsste, würde ich lieber mit dem Gärtnern aufhören. Es wird aber nie passieren. Es gibt bereits so viele Plastiktöpfe auf der Welt, dass es einfach keinen Sinn macht, neue zu kaufen.

ZEIT KONTRA GELD

Oft geben wir Geld aus, um Zeit und Mühe zu sparen. Das gilt für das Gärtnern ebenso wie für viele andere Lebensbereiche. Wenn Sie anders an die Sache herangehen und mehr Zeit und wenig Geld aufwenden, sparen Sie nicht nur, sondern Sie werden mit dem angenehmen Gefühl der Zufriedenheit belohnt.

Inzwischen glaube ich, dass das Anlegen eines Gartens mehr Freude und Bestätigung bringt als das Ergebnis für sich. Es geht nicht um einen schnellen Ertrag oder darum, ein bestimmtes Ziel zu erreichen, sondern um die Freude und den Genuss auf dem Weg dorthin. Die Natur lässt sich nicht beschleunigen und Abwarten gehört zum Ablauf. Es wird bestimmt länger dauern, bis eine aus einem winzigen Samen oder einem Steckling herangezogene Pflanze (siehe S. 110–159) im Garten etwas hermacht, doch das Miterleben und das Wunder des Aufblühens lohnen jede Minute des Wartens. Mir erscheint dieser Weg eindeutig befriedigender, als wenn ich nur ins nächste Gartencenter fahren würde.

Bewusst einkaufen

Auch wenn Sie nicht gern selbst vermehren und lieber größere Pflanzen kaufen, gibt es viele Möglichkeiten, Geld zu sparen. Allein schon, indem Sie sich Zeit nehmen, den Garten kennenzulernen und die eigenen Pläne nochmal zu durchdenken, erzielen Sie Erfolge. Das gilt für die Finanzen ebenso wie für das Ergebnis (siehe S. 16–17). Wenn Sie sich für Pflanzen entscheiden, die in den Garten passen, werden sie besser gedeihen als Impulskäufe. Sie müssen außerdem nicht so viele Pflanzen kaufen, wenn Sie sich die Zeit zum Beobachten der vorhandenen Pflanzen nehmen oder wenn Sie ihnen einen zweiten Anlauf verschaffen, zum Beispiel durch Umsetzen an einen anderen Platz. So vermeiden Sie überflüssige Käufe (siehe S. 22–23).

Was den Kauf von Pflanzgefäßen betrifft: Sie brauchen nicht alle Töpfe auf einmal zu kaufen. Die Gefäße müssen weder alle aufeinander abgestimmt noch neu sein und schon gar keine Spezialanfertigungen (siehe S. 30–31). Es dauert seine Zeit, gebrauchte Töpfe zusammenzustellen, doch sie haben meistens viel mehr Charme. Wenn ich solch einen Topf für den Bruchteil des Neupreises auftue, habe ich ein weit größeres Erfolgserlebnis, als wenn ich einfach »Jetzt kaufen« anklicke.

Wie viel Zeit und Geld Sie in den Garten stecken wollen, hängt von Ihren persönlichen Umständen und Vorlieben ab. Ich glaube aber, dass Sie umso mehr Fertigkeiten und Selbstvertrauen gewinnen, je mehr Zeit Sie in Ihren Garten investieren. Das Ergebnis wird besser und schöner sein.

Rechts Für dieses Beet habe ich den Storchschnabel und die Montbretie vermehrt. Die herrliche Königskerze *Verbascum chaixii* zog ich aus Samen und musste keine Pflanzen kaufen.

DER BLICK NACH VORN

Bevor Sie ans Werk gehen, sollten Sie sich Gedanken über Ihre Zielsetzung machen. Wie wichtig ist Ihnen der Außenraum? Wer nutzt die Fläche? Wie viel Zeit können Sie investieren? Übernehmen Sie die Pflege selbst? Was wünschen Sie sich derzeit von Ihrem Garten? Und überlegen Sie, was in 10 oder 20 Jahren sein wird, falls Sie vorhaben, am selben Wohnort zu bleiben. All dies hilft bei der Entscheidung, wofür Sie Ihre Zeit verwenden und Ihr Geld ausgeben möchten.

Diese Fragen sind oft nicht leicht zu beantworten, aber mit etwas Überlegung setzen Sie Ihr Budget gezielt ein und vermeiden unnötige Ausgaben. Es macht keinen Sinn, viel Geld für ein Projekt auszugeben, das in den nächsten Jahren wieder weichen muss, oder sich auf eine bestimmte Idee zu konzentrieren, wenn es Wichtigeres zu erledigen gibt. Unsere Häuser und Gärten verändern sich mit uns. Deshalb müssen wir flexibel bleiben und dennoch bestimmte Ziele im Auge behalten.

Ein Garten soll vielleicht für kleine Kinder und Haustiere passend gestaltet werden, während in einem anderen die Pflanzen das ganze Jahr über Interessantes bieten sollen. Vielleicht soll der Garten der Unterhaltung dienen oder ein Rückzugsort in einer unruhigen Umgebung sein.

Ich betrachte den Garten als Erweiterung des Innenraums, in dem sich der individuelle Stil des Hauses fortsetzt. Damit meine ich nicht das konkrete Design, sondern die Art und Weise, wie Farben und Strukturen miteinander kombiniert werden, um einen Wohlfühlort zu schaffen. Ich neige dazu, alles Mögliche zwanglos miteinander zu kombinieren, während andere vielleicht einen minimalistischen Gartenstil bevorzugen – so wie im Haus – oder eine üppige, farbenfrohe Gestaltung. Experimentieren Sie und entwickeln Sie Ihren eigenen Stil abseits der Moden.

Links Ein stabiles Klettergerüst inmitten von Wiese und Beetflächen ist für Kinder ein wunderbarer Spielplatz.

Wünsche und Notwendigkeiten

Manche Dinge braucht jeder Garten. So wie ein Haus nicht ohne einen Bauplan und Wände auskommt, braucht Ihr Garten eine Struktur. Dazu gehören Hecken, Bäume, Begrenzungen, Wege und Sitzecken. Vielleicht ist dies alles in Ihrem Garten bereits vorhanden, aber wenn nicht, können Sie die künftigen Merkmale selbst bestimmen.

Ich will Ihnen ermöglichen, Ihren Wunschgarten auf einfache und kreative Weise zu gestalten, auch wenn es etwas länger dauert. Finden Sie heraus, was Sie bereits haben (siehe S. 22–25), und konzentrieren Sie sich auf das, was Sie wirklich brauchen. Suchen Sie dann nach Möglichkeiten, Dinge und Pflanzen günstig oder kostenlos zu bekommen (siehe S. 30). So wird Ihr Garten erschwinglich und individuell.

DEN GARTEN KENNENLERNEN

Zu den wichtigsten Dingen beim Gärtnern gehört es, sich Zeit zu nehmen und den Garten wirklich zu verstehen. So verschwenden Sie weniger Ressourcen und sparen Geld. Beobachten Sie, wie die Sonne einfällt und welche Art Boden vorliegt. Nur dann können Sie Pflanzen auswählen, die Jahr für Jahr gedeihen.

Stellen Sie sich vor, Sie würden einen neuen Bekannten zum Essen einladen. Vermutlich werden Sie fragen, was er gern isst oder ob er bestimmte Allergien hat. Verzichten Sie darauf und servieren Sie etwas, was Ihr Gast verabscheut oder nicht essen kann, dann wird die neu geschlossene Freundschaft nicht lange halten. Das Gleiche gilt für Pflanzen und Gärten.

Exposition und Bodenart

Beobachten Sie, wo die Sonne in Ihrem Garten auf- und untergeht, denn Sie müssen die richtigen Pflanzen für sonnige oder schattige Stellen auswählen. Pflanzen, die volle Sonne benötigen, braucht man gar nicht erst in einen schattigen Winkel setzen und auf das Beste hoffen, denn sie werden nur schlecht gedeihen oder schon bald eingehen. Entscheiden Sie sich in diesem Fall für schattenverträgliche Pflanzen (siehe S. 18).

Ebenso entscheidet die vorhandene Bodenart über den Kulturerfolg. Die Bodenart bestimmt man grob, indem man Erde in die Hand nimmt und zwischen Zeigefinger und Daumen zerreibt. Fühlt sie sich klebrig, feucht und schwer an, hat die Erde einen hohen Tongehalt und nimmt Wasser leicht auf. Hier haben es Pflanzen schwer, die einen leichten, gut durchlässigen Boden benötigen. Entscheiden Sie sich stattdessen für feuchtigkeitsliebende Pflanzen. Wenn sich der Boden locker, kiesig oder krümelig anfühlt, ist er wahrscheinlich sandig oder kalkhaltig. Solche wasserdurchlässigen Böden passen zu Pflanzen aus warmen Regionen wie dem Mittelmeerraum. Sie kommen gut mit Trockenheit und nährstoffarmen Verhältnissen zurecht (siehe S. 73). Zwischen diesen beiden Bodenarten liegt lehmige Erde, eine Mischung aus Ton, Sand und Schluff. Sie fühlt sich geschmeidig an, speichert Feuchtigkeit, ist aber gut wasserdurchlässig. Deshalb erweist sie sich als ideal für die meisten Pflanzen.

Böden können außerdem eher sauer oder eher alkalisch sein. Auch dies wirkt sich auf die Pflanzen aus, die Sie kultivieren können. In neutralem Boden gedeihen viele verschiedene Pflanzen. Wenn Sie Probleme mit der Kultur bestimmter Pflanzen haben, überprüfen Sie den pH-Wert des Bodens. Bodentest-Sets erhält man im Gartencenter oder im Baumarkt.

Beim Gärtnern geht es nicht darum, genau die Pflanzen zu ziehen, die man sich in den Kopf gesetzt hat, sondern solche Pflanzen auszuwählen, die im Garten gut gedeihen (siehe S. 18–19). Wenn Sie dies beachten, sparen Sie nicht nur eine Menge Geld, sondern auch viel Verdruss.

Erste Schritte, im Uhrzeigersinn von oben links: Nehmen Sie Kleinigkeiten wahr, wie diesen Lenzrosensämling im Schatten. Das zeigt Ihnen, was im Garten wächst und welche Standortbedingungen herrschen. Anpassungsfähige Pflanzen wie *Geranium clarkei* 'Kashmir White' gedeihen unter den verschiedensten Voraussetzungen. Bestimmen Sie die Bodenart. Regenwürmer sind ein gutes Zeichen, wenn Sie Pflanzen einsetzen wollen.

GEEIGNETE PFLANZEN AM RICHTIGEN ORT

Wenn Sie die Verhältnisse in Ihrem Garten beobachtet und verstanden haben, können Sie sich nach geeigneten Pflanzen umsehen. Sie können zwischen verschiedenen Gewächsen auswählen, die mit ziemlicher Sicherheit mit den vorhandenen Gegebenheiten zurechtkommen.

Alle Garten- und Zimmerpflanzen stammen von Arten ab, die in verschiedenen Erdteilen in der Natur vorkommen. Viele Zimmerpflanzen haben ihren Ursprung in feuchten Regenwäldern oder heißen, trockenen Wüsten. Obwohl die kultivierten Formen durch Züchtung angepasst wurden, haben sie ihre grundlegenden Ansprüche an ihre ursprünglichen Wachstumsbedingungen bewahrt.

Viele Pflanzen können sich in einer unpassenden Umgebung zwar zunächst entwickeln, werden aber schwächeln und sind anfällig für Schädlingsbefall und Krankheiten. Lavendel zum Beispiel wächst in der Natur im Mittelmeerraum und dem Nahen Osten in steinigen Böden. Er braucht einen durchlässigen Boden und mindestens sechs Stunden Sonnenschein pro Tag, um zu gedeihen. Will man ihn in Lehmboden pflanzen, muss man zuerst sehr viel Splitt einarbeiten, um die Wasserführung zu verbessern. Hat die Pflanze im Winter kalte und feuchte Wurzeln, gedeiht sie nicht.

Sie können herausfinden, welche Pflanzen sich in Ihrem Garten gut entwickeln, indem Sie erst einmal beobachten, was in Ihrer Umgebung gut wächst. Falls Sie bestimmte Pflanzen ziehen wollen (vielleicht solche, die Sie anderswo gesehen haben), informieren Sie sich in Gartenbüchern und im Internet, welche Wachstumsbedingungen sie brauchen.

Die Bedingungen verändern

Man kann die Wachstumsbedingungen an den Bedarf von Pflanzen anpassen. Wollen Sie zum Beispiel in einem Garten mit Lehmboden unbedingt Lavendel ziehen, setzen Sie die Pflanzen an eine Stelle mit besserem Wasserabzug, vielleicht in ein Hochbeet oder ein Pflanzgefäß mit leichterem Substrat. Eine kälteempfindliche Pflanze wie die Schmucklilie überlebt wahrscheinlich nicht im Beet, aber wenn sie im Kübel wächst, kann man sie im Winter zum Schutz ins Haus stellen.

Bodenverbesserung (siehe S. 66–71) spielt immer eine wichtige Rolle. Sie muss nicht kompliziert oder kostspielig sein. Wenn Sie organisches Material wie selbst bereiteten Kompost oder gut verrotteten Tiermist untermischen, fügen Sie Nährstoffe hinzu. Trockene Böden speichern durch die Zufuhr organischer Substanz mehr Wasser und schwere Böden werden durchlässiger.

Rechts Lavendel und Kletterrosen mögen sonnige Plätze.
Nächste Doppelseite Zwei Einjährige verweben sich schön: Jungfer im Grünen (*Nigella damascena*) und violetter Schopf-Salbei (*Salvia viridis*).

VERBORGENE SCHÄTZE

Vielleicht haben Sie nach einem Umzug auch den überwucherten Garten übernommen oder Ihren Garten längere Zeit vernachlässigt. Dann ist die Versuchung groß, alle Pflanzen auszureißen und von vorne zu beginnen. Widerstehen Sie der Versuchung, denn mit ein wenig Zeit und Zuwendung können sich solche Gestrüppe in wunderschöne Gärten verwandeln.

Eingewachsene Gärten bergen meist jede Menge versteckter Juwelen, die vielleicht erst einmal nicht in Erscheinung treten. Womöglich gibt es im Garten herrliche Frühjahrsblüher, oder Blumensamen der Vorbesitzer, die in der Erde überdauert haben, werden irgendwann durch Wärme und Feuchtigkeit zum Leben erweckt und können sich in aller Pracht entfalten. Wenn Sie nicht eingreifen, wird die Natur Sie womöglich mit kostbaren Geschenken belohnen, und das völlig umsonst. Klumpen von Zwiebeln können Sie leicht teilen und an anderer Stelle einsetzen. In Töpfe gepflanzt, verschönern sie die Terrasse oder den Gartentisch (siehe S. 140–141).

Vom Vorbesitzer übernommene sommergrüne Sträucher oder Bäume sehen im Winter womöglich kahl und trist aus, doch in der warmen Jahreszeit sind sie wahre Schönheiten. Gehölze brauchen unter Umständen lange, bis sie herangewachsen sind, und große Exemplare können teuer sein. Roden Sie sie nicht überstürzt, sondern geben Sie den Pflanzen Zeit, um sich in bester Form zu präsentieren.

Sobald die Pflanzen austreiben, können Sie versuchen, sie zu bestimmen, und in Gartenbüchern oder im Internet mehr über sie herausfinden. Sobald Sie die Art oder gar die Sorte bestimmt haben, können Sie die idealen Wachstumsbedingungen recherchieren.

Links Die beiden Sträucher in meinem Rücken, die rotlaubige Korkenzieherhasel *Corylus* 'Red Majestic' und der Perückenstrauch *Cotinus coggygria* 'Young Lady', wirken im Winter kahl, doch im Sommer sind sie prächtig.

Eine neue Chance

Geben Sie scheinbar kümmernden Gartenpflanzen noch eine Chance, anstatt sie einfach zu entsorgen. Ein überalterter, vernachlässigter oder wirrer Strauch gelangt nach einem resoluten Rückschnitt womöglich wieder zu seiner einstigen Pracht. Bevor Sie aber damit beginnen, sollten Sie sich über die Schnittempfehlungen zur jeweiligen Art informieren. Manche Pflanzen reagieren besser auf einen drastischen Rückschnitt als andere, und es kommt sehr auf den richtigen Zeitpunkt an. Zu den Sträuchern, die sich durch einen Schnitt leicht verjüngen lassen, gehören Hartriegel (*Cornus*), Zaubernuss (*Hamamelis virginiana*), Spierstrauch (*Spiraea*), Zwergmispeln (*Cotoneaster*) und Schneeball (*Viburnum*). Ein kräftiger Rückschnitt zieht sich im Idealfall über einen Zeitraum von einigen Jahren hin. Das ist besser, als die gesamte Pflanze auf einmal zu kappen, denn sie könnte daran zugrunde gehen. Vergessen Sie nicht, Stecklinge für neue Pflanzen zu schneiden (siehe S. 114–135).

Es lohnt sich auch, Pflanzen auszugraben und umzusetzen, wenn sie an ihrem derzeitigen Standort nicht recht gedeihen (siehe S. 84). Manchmal ist das Problem einfach ein falscher Platz im Garten. Die Pflanze braucht zum Beispiel einen sonnigeren oder geschützteren Standort, oder der Boden ist schlecht, vielleicht auch nicht durchlässig genug. Wenn Sie den Boden verbessern, etwa durch Zugabe von organischer Substanz (siehe S. 66–69), kann es sein, dass sich der Kümmerling bald prächtig entwickelt. Sind Sie sich nicht sicher, ob Sie eine Pflanze tatsächlich behalten wollen, dann setzen Sie sie in ein Gefäß, bis die Entscheidung getroffen ist. Sie können sie weiterhin im Topf halten, sie an einer anderen Stelle im Garten einsetzen oder an Freunde verschenken.

Verwandlungen

Wenn Sie einen großen, alten Baum haben, den Sie nicht mehr schön finden, oder sogar einen abgestorbenen Baum, können Sie ihn umgestalten, indem Sie eine Kletterrose daneben pflanzen. Bald wird sie seine Krone durchwachsen. So haben Sie nicht nur den Baum gerettet, für den Sie womöglich einen teuren Ersatz hätten pflanzen müssen, sondern sogar kostengünstig ein Highlight für Ihren Garten geschaffen. Als ideal erweisen sich dafür halbimmergrüne Kletterrosensorten, etwa 'Adélaïde d'Orléans' oder 'Félicité et Perpétue', die während des ganzen Jahres etwas hermachen. Achten Sie bei der Sortenwahl auf die Wüchsigkeit: Ein kräftiger, großer Baum eignet sich gut als Stütze für eine kräftige Kletterrose, während kleinere Bäume nur weniger wüchsige Ramblerrosen aushalten.

Alte oder abgestorbene Bäume sind ideal für die Tierwelt, denn sie bieten Insekten Nahrung und Unterschlupf. Vögel nutzen sie als Ruhe- und Nistplätze und ernähren sich von den Insekten und ihren Larven. Bewahrt man alte Gehölze, bleibt ein wichtiger Teil des Gartenökosystems erhalten.

Recycling Ihrer Pflanzen

Die Entsorgung von Pflanzen sollte immer nur der letzte Ausweg sein. Wenn dies aber notwendig ist, sollten Sie die alten Pflanzen kompostieren. Verholzte Pflanzenteile muss man vor der Kompostierung zerkleinern, weil sie nur sehr langsam abgebaut werden. Das Zerkleinern beschleunigt den Rottevorgang (siehe auch S. 66–69).

Diese Pflanzen sollten Sie behalten, im Uhrzeigersinn von oben links: *Euphorbia griffithii* 'Fireglow' blüht im zeitigen Frühjahr und sät sich selbst überall im Garten aus. Die Montbretie (*Crocosmia*) lässt sich leicht ausgraben und anderswo einsetzen. Zweige des Schneeballs *Viburnum plicatum* fo. *tomentosum* 'Mariesii' bewurzeln leicht und liefern kostenlose Pflanzen. Die Teilung der rosa Astilbe ist nicht schwierig, und die Staude wirkt in großen Gruppen am schönsten.

VERÄNDERUNGEN

Wollen Sie Ihren Außenraum komplett umgestalten? Vielleicht legen Sie den Garten ganz neu an oder der bestehende Garten braucht eine völlige Überarbeitung. Bevor Sie grundlegende Veränderungen beginnen, sollten Sie sich Zeit nehmen, die Möglichkeiten zu durchdenken. Übereiltes Handeln kann zu teuren Fehlentscheidungen führen.

Denken Sie langfristig, wenn Sie die Bepflanzung verändern wollen, und versuchen Sie zu planen, was wann zu tun ist. Pflanzaktionen von Sträuchern und Bäumen führt man besser im Winter durch. Bei Stauden wartet man eher, bis sich der Boden im Frühjahr erwärmt hat.

Einen neuen Garten anlegen

Bei einer Neuanlage können Sie den Raum individuell planen und gestalten. Nach dem Hausbau befindet sich möglicherweise viel Schutt und Mörtel im Boden. Wenn Sie etwas organisches Material einarbeiten und einen Teil des Schutts entfernen, verbessern Sie die Bodenqualität merklich. Somit erhöhen Sie die Fruchtbarkeit ohne große Kosten (siehe S. 66–69). Die komplette Neubepflanzung eines Grundstücks kostet in jedem Fall deutlich mehr als die Ergänzung eines bereits bestehenden Gartens. Damit der Geldbeutel nicht überstrapaziert wird, müssen Sie sich Gedanken über die Auswahl und die Beschaffung der Pflanzen machen. Wollen Sie alles neu kaufen oder lieber selber Pflanzen vermehren (siehe S. 110–159)?

Wenn Sie schnell und kostenlos vorankommen wollen, dann fragen Sie Freunde oder Verwandte nach Teilpflanzen (siehe S. 136–141). Wird es zu teuer, größere Sträucher und Bäume zu kaufen, können Sie kleinere Exemplare in Töpfe setzen, die dann bereits schön aussehen. Später, wenn sie herangewachsen sind, können Sie sie auspflanzen.

Nach dem Bepflanzen sind vielleicht noch große Lücken vorhanden. Bedenken Sie aber, dass viele Pflanzen zügig wachsen, bevor Sie weitere Exemplare setzen. Eine Überfülle ist oft nicht nötig und macht in der Zukunft mehr Arbeit.

Einen alten Garten verjüngen

Vielleicht haben Sie den Wunsch, einen bestehenden Garten zu verändern. Entfernen Sie aber keine Pflanze übereilt, denn womöglich braucht sie nur ein wenig Pflege (siehe S. 23–24). Und ist sie verschwunden, dann brauchen Sie Ersatz. Wenn Sie weder Zeit noch Geld für eine größere Gartenumgestaltung haben, können Sie sich auf einen Bereich beschränken – z. B. auf ein neues Beet oder einen Container –, und es kann Wunderbares dabei herauskommen. Vielleicht haben Sie interessante Pflanzen, die Sie teilen und in das neue Beet oder den Container setzen können, sodass Sie nichts dazukaufen müssen.

Rechts Die Zierkirsche *Prunus × subhirtella* 'Autumnalis Rosea' kaufte ich, als mein Sohn zur Welt kam. Daneben blühen Lavendel und die Hortensie *Hydrangea arborescens* 'Annabelle'.

NACHHALTIG WIRTSCHAFTEN

Wenn ich etwas für meinen Garten brauche, kaufe ich es nicht gleich. Stattdessen sehe ich nach, ob ich bereits irgendetwas habe, das den gleichen Zweck erfüllt. Ich will das Verfügbare nutzen und versuche deshalb, in größeren Zusammenhängen zu denken. Es fühlt sich enorm gut an, möglichst unabhängig zu sein, man spart dabei Geld und schont gleichzeitig die Umwelt.

Unendlich viele Dinge, die bereits hergestellt wurden, warten irgendwo darauf, gefunden und wiederverwendet zu werden. Auch im eigenen Garten finden Sie sicherlich einiges: Das Holz alter Terrassendielen eignet sich zum Bau von Kompostbehältern und Hochbeeten, und aus alten Ziegelsteinen kann man Mauern errichten. Meine Schwiegermutter hat mich am meisten beeinflusst, als ich mit dem Gärtnern begann. In einem Bereich ihres Gartens lagerte sie Steine, altes Holz und Pflastersteine. Es ist sinnvoll, Dinge aufzubewahren, sofern man den Platz dafür hat, vielleicht hinter einem Schuppen oder in einer von einem großen Strauch abgeschirmten Ecke. Dieses Material kann für die unterschiedlichsten Vorhaben nützlich sein.

Bevor Sie Dinge zum Wertstoffhof bringen oder für ihre Abholung bezahlen, überlegen Sie sich eine mögliche Verwendung. Eine alte Schubkarre kann man mit Sommerblumen bepflanzen, und ein Stück Dachrinne ist ein langes Pflanzgefäß für Sukkulenten oder alpine Pflanzen. Viele weitere Ideen zur Wiederverwendung von Behältnissen finden Sie auf S. 56–57. Manchmal kann man Dinge einfach stehen lassen und um sie herum arbeiten. Ich habe zum Beispiel einen hässlichen Schuppen verschönert, indem ich ihn dunkelgrau angestrichen und an einer Wand eine Kletterpflanze hochgezogen habe.

Links Schnittgut verwende ich als Pflanzenstützen und manchmal auch zu anderen Zwecken (siehe S. 182–183).

Gartenabfall verwenden

Im Garten fallen Abfälle an, die wir mit wenig Aufwand in etwas Nützliches verwandeln können. Ein Häcksler ist zunächst eine Investition (wobei ein gebrauchter weniger kostet). In einem größeren Garten mit Bäumen und Sträuchern macht er sich aber schnell bezahlt, weil man mit ihm Holzhackschnitzel bereiten kann, die auf den Kompost kommen oder als Mulch dienen. Mit größeren Mengen lässt sich sogar ein Weg aus Hackschnitzeln anlegen.

Jede Bodenart profitiert von der Zugabe von organischem Material, das nichts kosten muss. Wenn Sie Kompost bereiten (siehe S. 66–69), verwerten Sie organische Garten- und Küchenabfälle auf einfache und umweltfreundliche Weise. Es entsteht ein ausgezeichnetes Bodenverbesserungsmittel. Ausgelaugtes Topfsubstrat kommt ebenfalls auf den Kompost.

DINGE AUS ZWEITER HAND

Etliche Generationen vor uns, die ihre Gärten bestellten, teilten viele Gegenstände miteinander, denn nicht jeder Haushalt konnte früher alles neu anschaffen. Es gibt anscheinend immer jemanden, für den das, was Sie gerade brauchen, überflüssig ist. »Des einen Leid ist des anderen Freud«, wie die Alten zu sagen pflegten. Dabei können alle nur gewinnen, nicht zuletzt die schützenswerte Umwelt.

Ich ermutige jeden dazu, Freunde, Familienmitglieder und Nachbarn nach Dingen zu fragen, die er für den Garten braucht, bevor er etwas Neues kauft. In unserer hektischen Zeit geben die Menschen überflüssige Dinge oft sehr gern an andere weiter, besonders wenn sie umziehen oder Renovierungsarbeiten durchführen. Tut sich ein Abnehmer auf, wird vieles bereitwillig und gratis abgegeben.

Tauschangebote

In vielen Gegenden gibt es Tauschbörsen, entweder als Tagesaktionen oder als Online-Angebote. Jede und jeder kann hier überzählige Dinge kostenlos anbieten. Sie können auch eine »Gesucht«-Anzeige aufgeben. Ich besuche seit langem regelmäßig unseren örtlichen Wertstoffhof, und die meisten meiner Töpfe und Pflanzgefäße stammen von dort (siehe S. 56–57).

Das richtige Timing ist wichtig. Im Frühjahr stehen Sie in Konkurrenz mit vielen anderen Hobbygärtnern und die besten Geräte sind schnell weg, aber ab Herbstmitte bis zum Winter interessieren sich nur wenige Leute für Gartengeräte. Passionierte Stöberer können dann Geld sparen. Immer wenn ich selbst Überflüssiges abgebe, werfe ich einen kurzen Blick auf die angebotenen Dinge. Gegenstände vom Wertstoffhof darf man natürlich nur mit ausdrücklicher Erlaubnis mitnehmen. Auch verschiedene soziale Einrichtungen unterhalten Läden für Gebrauchtwaren, oft angeschlossen an Kleiderkammern. Die Einnahmen daraus fließen in soziale Projekte.

Andere Quellen

Auf Flohmärkten und bei Haushaltsauflösungen findet man Töpfe, Werkzeuge und anderes Gut. Je öfter Sie solche Märkte besuchen, desto geübter werden Sie darin, das Potenzial von Gegenständen zu erkennen, so empfinde ich es jedenfalls. Auch Müllcontainer bieten oft Interessantes, das sonst nur weggeworfen wird. Rechtlich gesehen gehören diese Dinge demjenigen, der sie weggeworfen hat. Fragen Sie daher immer um Erlaubnis, wenn Sie an etwas interessiert sind, das sich in einer Mülltonne befindet.

Rechts Diese Stühle bekam ich umsonst aus der Nachbarschaft. Mit ihrem neuen Anstrich sind sie wieder sehr attraktiv.

Kapitel 2

ALLGEMEINES

Zunächst erscheint es oft schwierig und entmutigend, einen Garten gut anzulegen. Wenn man aber mit Bedacht herangeht, tun sich viele preisgünstige Möglichkeiten auf, um zum Wunschgarten zu kommen. Gestalten Sie einen erschwinglichen Garten ganz nach Ihren Vorstellungen, von der Suche nach dem richtigen Werkzeug über die Anlage einer Begrenzung, die Wildtiere nicht aussperrt, bis hin zum Sammeln von schönen Pflanzgefäßen und Möbeln.

Werkzeuge, die ich nicht missen möchte, im Uhrzeigersinn von oben links: Eine Auswahl von Handgeräten, die im Korb alle beieinander liegen. Ein Spaten. Eine holländische Hacke, um Unkraut zu kappen. Ein Krümler, um Erdbrocken aufzubrechen.

WERKZEUG

Es fällt schwer zu entscheiden, was man angesichts der vielen verschiedenen Gartenwerkzeuge wirklich braucht. Wenn Sie mit der Gartenarbeit beginnen, erzielen Sie mit nur vier Werkzeugen, einer Gießkanne und einem Eimer Erstaunliches. Im Laufe der Zeit können Sie Ihre Sammlung um weitere nützliche Dinge erweitern.

Zunächst einmal brauchen Sie einen Spaten, einen Rechen, eine Gabel und eine Hacke. Wenn Sie nur in Pflanzgefäßen gärtnern, reduziert sich alles auf eine Handgabel und eine Pflanzschaufel. Wie bei vielen Gartenprodukten sind im Frühjahr, wenn es alle in den Garten zieht, die Preise höher. Am Ende der Vegetationsperiode im Spätherbst können Sie hervorragendes Werkzeug zum reduzierten Preis erstehen, oder Sie bemühen sich, gebrauchte Werkzeuge zu bekommen. Mit Sicherheit lohnt es sich, so gute Geräte zu kaufen, wie Sie es sich nur leisten können, doch am wichtigsten ist es, ausschließlich das anzuschaffen, was Sie zu Beginn brauchen.

Gartengeräte sind prima Weihnachts- oder Geburtstagsgeschenke, und Freunde und Verwandte sind für Geschenktipps oft dankbar.

Werkzeug zum Graben

Zu den Werkzeugen für die Bodenbearbeitung gehören ein Spaten, eine Grabegabel, eine Handgabel, eine Pflanzkelle, ein Zwiebelpflanzer und ein Rasenkantenstecher (siehe S. 36). Ein Blumenzwiebelpflanzer hat eine scharfe Kante zum Ausheben von Löchern und ist in einem großen Garten sehr nützlich. Für kleinere Gärten gibt es auch handliche Blumenzwiebelpflanzer. Beides erhält man außerhalb der Blumenzwiebel-Pflanzsaison oft zu reduzierten Preisen.

Hacken und Jäten

Eine Hacke mit gerader Kante dient zum Vorbereiten des Bodens für die Aussaat. Ein verstellbarer, fächerförmiger Laubbesen mit federnden Stahlzinken ist ideal, um Laub zusammenzurechen oder Moos aus dem Rasen zu entfernen.

Zur Beseitigung von Unkraut gibt es unterschiedliche Hacken, aber eine reicht aus. Ich empfehle eine holländische Hacke (Schuffel) mit scharfer, breiter Klinge zum Durchschneiden der Stängel. Für kleine Gärten stehen zum Teil Handversionen zur Verfügung. Weiterhin wertvoll ist ein Krümler, den man zum Lockern über den Boden rollt.

Weiteres nützliches Gerät

Dazu gehört eine Schubkarre, zum Bewässern braucht man Gießkannen, Schlauch und eventuell mehr, und schließlich ein Rasenmäher. Bei einer entsprechenden Rasenfläche empfiehlt sich der Kauf eines hochwertigen Rasenmähers. Ein elektrischer Rasenmäher eignet sich gut für einen kleineren Garten, während sich ein Benzinrasenmäher in einer größeren Anlage als praktisch erweist.

Mulchmäher zerhäckseln das Gras in Stücke, die auf die Rasenflächen fallen und beim Abbau Nährstoffe freisetzen. Aufgesammelter und getrockneter Rasenschnitt kann im Garten als Mulch verwendet werden.

Zum Pikieren meiner Sämlinge und wenn ich sie aus den Schalen und Töpfen heraushebe, verwende ich Stöcke aus dem Garten. Ich schnitze mir ihr Ende zu einem präzisen kleinen Werkzeug zurecht.

Schneiden

Dafür nutze ich Rosenscheren, Astscheren, Kantenscheren und akkubetriebene Handscheren. Für die ersten Schnittarbeiten brauchen Sie wohl kaum all diese Geräte, aber je nachdem, welche Arbeiten regelmäßig anfallen, sind sie alle nützlich. Für alle Arten von Schnittarbeiten benötigen Sie eine Rosenschere, für feinere Arbeiten wie das Schneiden von Stecklingen oder Blumen und das Ausputzen verwende ich eine schmalere Gartenschere (Ernteschere). Eine akkubetriebene Handschere bedeutet zwar eine größere Investition, sie spart aber Zeit, wenn Sie lange Hecken und viel Lavendel zu schneiden haben. Natürlich erreichen Sie mit der Handschere das Gleiche.

Werkzeugpflege

Nur bei guter Pflege halten Werkzeuge jahrelang. Entfernen Sie nach getaner Arbeit die Erde und räumen Sie das Werkzeug weg, denn bei Regen verrottet das Holz und die Metallteile rosten. Von Zeit zu Zeit lohnt es sich, die Holzgriffe mit ein wenig Leinöl einzuölen. Für Scheren und Messer empfiehlt sich die Anschaffung eines Schleifsteins, wie ihn bereits unsere Vorfahren genutzt haben. Sie müssen kein Geld für ein Werkzeugregal ausgeben, denn Sie können an der Schuppenwand eine Palette befestigen, an der Sie große Werkzeuge wie Hacken, Rechen, Spaten und Gabel anlehnen. Wenn Sie kräftige Haken daran befestigen, können Sie Scheren, Pflanzschaufeln und Handgabeln aufhängen.

Anyas Insider-Tipp

Zwei Werkzeuge schätze ich sehr: ein halbmondförmiges Kantenschneidegerät (unten) und eine Rasenkantenschere. Ich schneide die Beetkanten einmal im Frühjahr und einmal im Herbst sauber. Die Beete mögen natürlich und verwildert sein, doch ein Garten sieht mit einer gepflegten Einfassung hübsch und einladend aus. Für mich ist das Abstechen von Beetkanten auch eine therapeutische, sehr befriedigende Tätigkeit. Außerdem sieht man sofort ein Ergebnis – im Gegensatz zu vielen anderen langfristig angelegten Gartenarbeiten.

Schnittwerkzeug und wie man es instand hält, im Uhrzeigersinn von oben links: Eine akkubetriebene Handheckenschere. Eine Gartenschere. Das Schärfen einer Rasenkantenschere. Der hölzerne Spatenstiel wird mit Leinöl eingestrichen.

BEETE UND RABATTEN

Es ist gar nicht schwierig, ein schön bewachsenes Beet anzulegen und zu pflegen, egal ob es sich um ein bodenebenes Beet oder ein Hochbeet handelt. Zumindest ist es einfacher, als es zunächst erscheinen mag. Allerdings erfordert es etwas Planung und Pflege.

Traditionell dient die Rabatte zum Einfassen, und durch planvolle Anordnung kommen die Pflanzen schön zur Geltung. Höhere Kosten fallen im Vergleich dazu bei einem Hochbeet an, das durchaus sinnvoll sein kann. Hochbeete sind überschaubar und leicht zu bewirtschaften. Sie bergen tiefgründige, gut durchlässige Erde. Wie in einem gewöhnlichen Beet können Sie in einem Hochbeet fast alle Pflanzen kultivieren (wobei Gemüse und Beerenobst besonders beliebt sind).

Egal, ob Sie ein Beet oder ein Hochbeet anlegen: Zunächst sollten Sie den Standort betrachten und ermitteln, wie viel Licht und Sonne einfallen und ob es für einen großen Teil des Tages beschattet wird. Dies müssen Sie bei der Pflanzenauswahl berücksichtigen. Kontrollieren Sie, ob der Boden eher feucht oder trocken ist (siehe auch S. 16). Sie können dann besser einschätzen, welche Voraussetzungen vorliegen und ob Sie den Boden verbessern können (siehe S. 66–71).

Eine Rabatte anlegen

Sobald Sie die Standortbedingungen kennen, kann die Planung beginnen. Nehmen Sie dafür ein Blatt Papier, nutzen Sie Ihre Fantasie und Ihren gesunden Menschenverstand und recherchieren Sie. Stellen Sie sich die Rabatte wie ein Bild vor: Farben, Formen und Texturen bestimmen die Wirkung. Berücksichtigen Sie die endgültige Größe der gewünschten Pflanzen, denn sie brauchen genügend Platz für ihre Entwicklung und sollen sich nicht gegenseitig beschatten. Wenn Sie über einem bestehenden Rasen ein Beet anlegen, können Sie die Grasnarbe abheben, umdrehen und mit Erde bedecken. Das Gras unter der Erde wird sich zersetzen und organische Substanz beisteuern.

Ihre erste Quelle für Pflanzen im neuen Beet ist Ihr eigener Garten. Teilen Sie dafür vorhandene Pflanzen (siehe S. 136–141). Der Rabatte können Sie nach und nach verschiedene Pflanzen hinzufügen (siehe S. 80–81 für viele Ideen, wie Sie günstig an Pflanzen kommen können). Entscheidend beim Anlegen neuer Beete ist, dass man sie so lange pflegt, bis die Pflanzen eingewurzelt sind. Jäten Sie regelmäßig, gießen Sie die Pflanzen, bis sie gut wachsen (und gießen Sie in der Zukunft, wenn es trocken ist). Stechen Sie die Kanten regelmäßig ab (siehe S. 36), damit das Gras nicht hineinwächst.

Ein Hochbeet anlegen

Kein Wunder, dass Hochbeete in Gärten jeglicher Größe so beliebt sind, denn im Beet lassen sich die Bodenverhältnisse für die Kultur besser beeinflussen. Man erreicht alle Bereiche

Links So sieht eine meiner Rabatten im Sommer aus – mit Stauden, Zweijährigen und Sträuchern im Hintergrund.

des Beets vom Rand aus, daher muss man beim Pflanzen oder Jäten nicht auf die Erde treten, und der Boden bleibt locker und wasserdurchlässig. Sie können die Erde zur Aufwertung mit Kompost anreichern. Für Pflanzen, die sauren Boden brauchen, wie z.B. Azaleen, Erika und Besenheide, können Sie Rhododendronerde (oder Moorbeetpflanzenerde) einfüllen und so für den richtigen Boden-pH-Wert sorgen.

Da man sich für die Pflege der Pflanzen in Hochbeeten nicht so sehr bücken muss, kommen sie Menschen mit eingeschränkter Mobilität zugute. Hochbeete funktionieren in der Regel an einem sonnigen Standort am besten, wo die Pflanzen in den Genuss von viel Licht kommen. Ein Hochbeet muss von allen Seiten gut zugänglich sein, damit Sie zum Pflegen, Gießen, Jäten, Ernten und Abräumen am Ende der Wachstumszeit genug Platz haben.

Wenn Sie mit einer Schubkarre herankommen, können Sie leichter frisches Substrat oder organisches Material einfüllen. Für die Seitenwände von Hochbeeten fällt mir als erstes Material Holz ein. Hochbeete aus Holz sehen schön aus, aber weil das Holz in direktem Kontakt mit dem Boden und der Erde steht, verrottet es und muss nach einigen Jahren ersetzt werden, je nachdem, um welche Art von Holz es sich handelt. Bei neu gekauftem Holz achten Sie darauf, dass es zur besseren Haltbarkeit eine Schutzbehandlung hat.

Andere kostengünstigere Materialien sind alte Ziegelsteine oder anderes Baumaterial. Der Einkauf im Baumarkt ist der einfachste, aber vermutlich der teuerste Weg. Sie können bei Baustoffhändlern vor Ort nach günstigen Posten fragen. Oft wissen Nachbarn oder Bekannte eine gute Bezugsquelle. Eine andere, kreativere Möglichkeit sind umgewidmete Möbel wie Bettgestelle und Kommoden oder Sandkästen. Man findet sie in lokalen Tauschringen.

Über den Tellerrand zu schauen, anstatt Dinge online zu bestellen, ist immer die kostengünstigste Lösung. Ein fertig errichtetes Hochbeet müssen Sie befüllen. Um Substrat zu sparen, können Sie alle möglichen Gartenabfälle etwa bis zur Hälfte hineingeben, wie Zweige, Laub, Grasschnitt und alles, was leicht verrottet. Für die verbliebene Hälfte eignet sich Erde aus dem eigenen Garten, vermischt mit Kompost oder gut verrottetem Mist. Jedes Frühjahr können Sie zusätzlichen Dünger ausbringen oder Gründüngung (siehe S. 70) aussäen. Ein Päckchen Samen von Gründüngungspflanzen kostet nur ein paar Euro und die Aussaat dauert nur wenige Minuten. Dadurch erhalten die Pflanzen reichlich Nährstoffe für ihr zukünftiges Gedeihen.

Überwucherte Beete verjüngen

Wenn Ihr Beet struppig und unübersichtlich geworden ist, sollten Sie zunächst die Kanten glätten, damit es eine klare Form erhält. Jäten Sie unerwünschten Aufwuchs und fügen Sie frische Erde und organisches Material wie Kompost hinzu. Stauden sollten alle paar Jahre geteilt werden (siehe S. 136–139). Die Teilstücke setzt man mit viel Platz neu ein. Überhängende Sträucher schneidet man zurück (siehe S. 84). Berücksichtigen Sie immer die spätere Endgröße eines Strauchs und halten Sie erforderliche Pflanzabstände ein, sodass Sie nicht andauernd zurückschneiden müssen. Damit Pflanzen, gerade wenn sie noch jung sind, anwachsen können, muss das Beet frei von Unkraut bleiben.

Rechts Mit Sämlingen von Einjährigen wie Kosmeen fülle ich alle Lücken in der Staudenrabatte.

Ein Belag muss keine vegetationsfreie Fläche sein, sondern kann in Verbindung zum Bewuchs im Garten stehen. Dieser Lupinensämling wächst im Kiesweg. Manchmal lasse ich Sämlinge wachsen, damit sie die Wegkanten auflockern, dann wieder verpflanze ich sie an einen besser geeigneten Platz.

WEGE UND TERRASSEN

Wege und Terrassen gliedern Ihren Gartenraum. Sie können den Garten in verschiedene Bereiche unterteilen und zugleich spannende Orte zum Verweilen schaffen. Wege und Beläge sollten langlebig und pflegeleicht sein, und man kann sie aus allen möglichen Materialien herstellen. Pflasterbeläge sind oft teuer, aber es gibt kostengünstigere Alternativen.

Wege erschließen den Garten, und wenn sie geschickt angelegt sind, führen sie uns zu neuen, überraschenden Plätzen. Sie verbinden im Idealfall die Bereiche, die wir am häufigsten nutzen und ansteuern, wie das Gemüsebeet, den Komposthaufen oder den sonnigen Sitzplatz hinten im Garten. Wege können sowohl dekorativ als auch praktisch sein, und das gilt für ihren Verlauf ebenso wie für die verwendeten Materialien.

Eine neue Terrasse kann eine größere Investition bedeuten, aber es ist möglich, Geld zu sparen. Überlegen Sie genau, wo im Garten Sie sich aufhalten wollen. Ein kleiner Bereich mit einem Tisch und ein paar Töpfen vor der Hintertür kann ein wunderbarer Sitzplatz sein, oder Sie genießen den Sonnenuntergang an einen Platz am Rand des Gartens. Solche Entscheidungen können Sie erst treffen, wenn Sie mit Ihrem Garten vertraut sind und wissen, wie Sie ihn nutzen wollen.

Wege und Terrassen

Vielleicht entscheiden Sie sich, in den Bau eines befestigten Weges oder einer Terrasse zu investieren, die die Struktur des Gartens beeinflussen. Wenn Sie jedoch keinen Landschaftsbaubetrieb beauftragen möchten, der konventionelle Materialien verwendet, können Sie selbst aus verschiedenen gebrauchten und recycelten Stoffen Wege anlegen. Für Wege in wenig begangenen Bereichen eignen sich Dachziegel, Steine, Teile alter Terrassendielen, Stammstücke, alte Zaunlatten oder Tonscherben. Alte Gehwegplatten ergeben einen strapazierfähigen Weg oder eine Terrasse. Wenn man sie in Kies einbettet, spart man Ausgaben (siehe »Kanten und Lücken« auf der nächsten Seite).

Etwas schwieriger kann es sein, die Mengen an Platten zu finden, die Sie für eine Terrasse benötigen. Wenn Sie im Internet gebrauchte Platten ausfindig machen, sollten Sie die Lieferkosten und die Logistik berücksichtigen, da die Steine schwer zu transportieren sind. Wenn Sie vor Ort fündig werden, sparen Sie sich die Kosten für die langen Transportwege.

Informieren Sie sich darüber, wie man richtig baut, egal, welches Material Sie verwenden. Denken Sie an den Wasserablauf, damit das Wasser sich nicht oberflächlich staut, sondern in den Garten (und nicht zum Haus hin) abfließt.

Quellen für Materialien

Sicherlich haben Sie in Ihrem Garten tote Winkel, etwa an einer Schuppenrückwand. Ich rate dazu, dort alte oder übrig gebliebene Pflastersteine, Ziegel, Dachziegel und alte Tongefäße zu lagern. Diese Materialien finden

Sie auch im Internet oder bei Nachbarn und Freunden. Was für den einen Müll ist, ist für jemand anderen mitunter wertvoll. Auch bei Landschaftsbaubetrieben kann man oft übrig gebliebene Restposten kaufen und somit viel Geld sparen. Es muss nicht alles zusammenpassen. Vielmehr entstehen beim Mischen von Materialien oft interessante Effekte. Anregungen findet man auf Pinterest und anderen Plattformen der sozialen Medien.

Kanten und Lücken

Damit ein Weg oder eine Belagsfläche weniger hart wirkt und Schwingungen in den Garten bringt, können Sie hübsche Bodendecker oder kriechende Pflanzen setzen. Diese bilden einen dichten Teppich, der nicht nur bereitwillig zwischen den Platten oder dem Kies wächst, sondern auch Unkraut unterdrückt, sodass Sie weniger jäten müssen. Sie können die Platten auch mit größeren Abständen verlegen (und müssen dann nicht so viele Platten kaufen) und die Lücken mit Polsterpflanzen füllen. Wenn der Bodenbewuchs mehr Raum einnimmt, wirkt sich das günstig auf die Tierwelt und die allgemeine Artenvielfalt im Garten aus. Schädlingsbekämpfung bleibt Ihnen dadurch erspart.

Niedrig wachsende Pflanzen, die sich ausbreiten und die Kanten verkleiden, sind beispielsweise das Pfennigkraut (*Lysimachia nummularia*), Polsterphlox oder Feinstrahl (*Erigeron karvinskianus*). Sie alle lassen sich leicht vermehren (siehe S. 122–125), sodass Sie nur einige Exemplare kaufen müssen, um dann mit bewurzelten Stecklingen die Lücken zu schließen. Wenn sich diese Pflanzen zu sehr ausbreiten, schneiden Sie sie einfach zurück. Aus dem Schnittgut gewinnen Sie weitere Pflanzen. Wenn Sie es zulassen, dass sich Moose und Flechten auf dem Belag ansiedeln, fügt sich die bewachsene Fläche harmonisch in den Garten ein.

Auf Pflanzen vertrauen

Statt befestigte Wege aus teuren Materialien anzulegen, können Sie auch einfach Wege in Ihren Rasen mähen. Lassen Sie Bereiche mit hohem Gras stehen und mähen Sie geschwungene Wege, die zu einem Ziel führen. Das kostet nichts, und Sie sehen das Ergebnis sofort. Solch ein Weg könnte zu einer gemähten Rasenfläche führen, auf die Sie ein großes Pflanzgefäß oder eine Bank stellen können, die Sie auf einer lokalen Internet-Plattform gefunden haben. Auf diese Weise entstehen unterschiedliche Texturen, die sich im Lauf der Jahreszeiten verändern, und das hohe Gras sorgt für den Eindruck von Bewegung.

Unterhalt von Belagsflächen

Weil mir ein natürlicher Garten am besten gefällt, bin ich nicht dafür, Terrassen oder Wege abzuspritzen. Es ist aber sinnvoll, Pflanzen zurückzuschneiden, wenn sie zu üppig wachsen und auf dem Weg zur Rutschgefahr werden. Wackelige Platten sollte man zur Sicherheit kontrollieren und ausgleichen oder neu verlegen.

Rechts Ein ins Gras gemähter Weg lädt dazu ein, ihm zu folgen.

Verschiedene Begrenzungen, im Uhrzeigersinn von oben links: Eine freiwachsende Hecke aus *Hydrangea arborescens* 'Annabelle'. Eine Hecke, die aus preisreduzierten Pflanzen vom Saisonende gezogen wurde. Eine Prunkwinde an einer Rankhilfe, um eine Mauer zu verschönern. Die immergrüne Eibenhecke schützt vor Einblicken und wächst gar nicht so langsam, wie man ihr unterstellt.

BEGRENZUNGEN

Der gesamte Garten sowie bestimmte Gartenbereiche müssen oft klar abgegrenzt werden. Zäune und Hecken sorgen in unterschiedlichem Maß für Privatsphäre und Schutz und die Kosten variieren sehr stark.

Am preisgünstigsten sind bereits vorhandene Zäune und Hecken. Wer sparsam ist, bessert Vorhandenes aus oder renoviert es.

Zäune

Eine derart feste Barriere hält jahrelang und kann Pflanzen stützen. Ein Zaun braucht nur wenig Platz und fasst daher auch einen kleinen Garten gut ein. Einen nicht mehr ansehnlichen Zaun können Sie abschleifen und neu streichen, sodass er wieder schön aussieht. Manchmal braucht ein schiefer Zaun nur ein paar neue Pfosten oder ein neues Paneel. Bevor Sie einen Zaun ersetzen, sollte ein Fachmann prüfen, ob er repariert werden kann.

Mit Kletterpflanzen können Sie einen unansehnlichen Zaun kaschieren (damit bringen Sie zugleich mehr Blumen in die Vertikale, siehe auch S. 96–97). Beispiele und Pflanzenlisten finden Sie im Internet. Manche Kletterpflanzen sind allerdings sehr wüchsig und können einen Holzzaun auf Dauer schädigen. Rosen, Kletterhortensien und Waldreben verschönern einen Zaun. In Kletterpflanzen nisten außerdem Vögel, und Insekten finden hier Nahrung. Das gleicht vielleicht den Nachteil aus, dass ein neuer Zaun die Streifgebiete von Wildtieren durchtrennen kann. Womöglich müssen Sie mehr Geld oder Zeit für die Schädlingsbekämpfung aufwenden, weil Igel und andere Insektenfresser keinen Zugang zum Garten haben. Einen Durchgang für Tiere zwischen zwei Grundstücken schaffen Sie, indem Sie am Grund des Zauns eine kleine bogenförmige Öffnung aussparen.

Hecken

Eine Hecke erweist sich als dauerhafter als ein Zaun, und sie ist nicht nur billiger, sondern auch umweltfreundlicher, weil sie Lebensräume für Vögel und Insekten bietet. Tiere können durch die Hecke schlüpfen, um in den Garten zu gelangen.

Am günstigsten kommt die Neuanlage (oder das Ersetzen eines Zauns), wenn Sie wurzelnackte Heckenpflanzen kaufen, entweder wenn sie noch jung sind oder im Schlussverkauf. Viele Heckengehölze, wie Rotbuche, Weißbuche, Liguster und Weißdorn, lassen sich gut vermehren. Fangen Sie mit der Pflanzenaufzucht an, wenn klar ist, dass der Zaun in ein paar Jahren ersetzt werden muss. Damit Hecken dicht verzweigt wachsen, muss man sie jährlich schneiden.

Sehr preiswert ist außerdem eine Abgrenzung aus abgestorbenen Pflanzenteilen aus dem Garten. Man baut sie aus Abfällen wie Gehölzschnitt und Laub auf. Das Astwerk wird horizontal zwischen senkrechten, versetzt eingeschlagenen Pflöcken eingelegt. Außer vielleicht der Anschaffung der stabilen Pflöcke kostet das Material nichts. Eine solche Totholzhecke kann auch vorübergehend als Abschirmung dienen, solange eine neue Hecke heranwächst. Viele Tiere leben in ihr, wie Vögel, Käfer und Igel.

STÜTZEN FÜR DIE PFLANZEN

Wenn sie monatelang gut aussehen sollen, brauchen Kletterpflanzen, Rosen und höhere Stauden wie Dahlien oder Pfingstrosen unbedingt eine Stütze. Eine gute Stütze muss nicht viel kosten und kann für sich allein schon schön aussehen.

Den größten Nutzen bringt eine im Voraus angebrachte Stütze – bevor die Pflanze sie wirklich braucht. Ohne eine Stütze können die Pflanzen durch Wind und Regen Schaden nehmen. Dabei muss man vorausschauend denken. Beim Rückschnitt von Bäumen, Sträuchern und Hecken behalte ich alle Äste zurück, die ich zum Stützen meiner Pflanzen brauchen kann. Ich ziehe heimisches Holz den Bambusstäben vor. Es gibt ein gutes Gefühl, Material aus dem eigenen Garten zu verwenden. Falls Sie keine oder nicht genügend Bäume haben, können Sie bei Gartenpflegebetrieben fragen oder Pflöcke kaufen.

Ich beginne mit dem Stäben der Pflanzen im zeitigen Frühjahr, vor dem Blattaustrieb. Es wird dann nichts beschädigt und die Pflanze überwächst ihre Stütze. Im Hochsommer sind alle Pflanzen gut gestützt und brauchen nicht mehr viel Zuwendung. Ich hebe mir einzelne Äste auf für den Fall, dass eine Pflanze zusätzliche Unterstützung braucht.

Stützen aus Holz

Das Herstellen von Pflanzenstützen ist zu einer nützlichen und entspannenden Tätigkeit in meinem Garten geworden. Als ich vor Jahren begann, unseren Garten zu gestalten, besuchte ich andere Gärten, um Anregungen zu finden. Im Winter und zu Beginn des Frühlings nahm ich öffentliche Gartenanlagen und Parks aus einem anderen Blickwinkel wahr. Mir kam es vor, als würde ich einen Blick hinter die Kulissen werfen. Profis zeigten mir, wie sie Stützen für Pflanzen bauen. Weil zu Jahresbeginn in den Gartenanlagen noch nicht viel los ist, konnte ich auskunftsfreudigen Gärtnern und Gärtnerinnen Fragen zu den verwendeten Zweigen stellen und einfach zusehen und lernen.

Wenn wir unsere Buchenhecken beschneiden, kürze ich die Äste auf eine Länge von etwa 20–25 cm und verwende sie als Stütze für meine Erbsensetzlinge und einige Frühlingsblumen, wie z. B. die Hortensien im Topf. Ich schneide die Äste am Grund schräg an, um sie leichter in die Töpfe einschieben zu können. Brauche ich festere Stützen für höhere Gewächse wie Dahlien oder Gladiolen, erscheinen mir Birke oder Hasel am besten geeignet. Ihre biegsamen Zweige kann man zu Kuppeln oder Obelisken verflechten (siehe S. 166–169), man braucht dafür nicht einmal Schnüre. Zweige von Weiden oder Hartriegel verwendet man besser nicht, da sie leicht anwurzeln.

Andere Stützen

Den Einsatz von Kunststoff empfehle ich nicht, aber ich verwende Metallringe für Pfingstrosen oder Hortensien. Ich stelle sie zeitig auf, damit der Neuaustrieb hindurchwachsen kann. Viele Ziergräser und kompaktere Stauden brauchen überhaupt keine Stütze. Man kann sie in die Gestaltung miteinbeziehen, da sie als zusätzliche Stütze für benachbarte Pflanzen dienen.

Verschiedene Pflanzenstützen, im Uhrzeigersinn von oben links: Eine meiner selbstgebauten Stützen aus Birke und Hasel für *Clematis viticella* 'Etoile Violette'. Ein zeltartiges Rankgerüst für einjährige Kletterpflanzen wie Duft-Wicken. Katzenminze (*Nepeta* 'Six Hills Giant') überzieht ihre Stütze. Eine verflochtene Kuppel, durch die Pflanzen hindurchwachsen können.

RASEN UND BLUMENWIESE

Ein Rasen ist schön, aber Wiesen sind besser. Für mich gehören makellose Rasenflächen der Vergangenheit an. Blumenwiesen sind nicht nur gut für Wildtiere und die Umwelt, sondern auch für den Geldbeutel.

Falls Sie noch nicht bereit sind, auf den Rasen zu verzichten, könnten Sie Rasen und Wiese kombinieren und sanft ineinander übergehen lassen. Das funktioniert selbst in einem kleinen Garten.

Rasen

Damit der Rasen perfekt aussieht, muss man Geld und Zeit investieren. Die Produkte zur Rasenpflege und zur Bekämpfung von Unkraut und Moos sind teuer und alles andere als umweltfreundlich. Wenn Sie einen Rasen anlegen wollen, rate ich dringend dazu, andere Pflanzen darin wachsen zu lassen, anstatt sie zu vernichten. Solche gemeinhin als »Unkraut« bezeichneten Pflanzen sind überaus wertvoll.

Angesichts der zunehmend heißen und trockenen Sommer sowie steigenden Kosten für Wasser und Energie wird es immer schwieriger, wenn nicht gar unmöglich, einen herkömmlichen Rasen grün zu halten. Lässt man das Gras etwas länger wachsen, bleibt der Rasen eher grün, weil er im Boden mehr Feuchtigkeit speichert und das Wurzelwerk tiefer reicht. Längeres Gras ist auch für die Tierwelt viel besser.

Als Zwischenlösung können Sie Streifen mit längerem Gras belassen, um verschiedene Gartenbereiche abzugrenzen. In die höher wachsenden Zonen können Sie Blumenzwiebeln wie Narzissen, Zierlauch oder Präriemlien pflanzen. Dafür brauchen Sie nur ein paar Beutel Blumenzwiebeln, doch Sie erzielen auf einfache und außerdem sehr günstige Weise eine große Wirkung.

Kleedecke

Ein Teppich aus Klee kommt als Alternative zu einem herkömmlichen Rasen infrage. Weiß-Klee (*Trifolium repens*) sieht nicht nur schön aus, sondern hält Trockenheit besser aus als Gras. Das bedeutet, dass er den ganzen Sommer über mit einem Minimum an Wasser grün bleibt. Klee ist eine der häufigsten Pflanzen im Rasen, und er kann ein weißes Blütenmeer bilden. Er wirkt als ein natürlicher Dünger, da er über seine Wurzelknöllchen Stickstoff aus der Atmosphäre aufnimmt. Über abgefallene Blätter oder absterbende Wurzeln gelangt der Stickstoff in den Boden. Klee muss weniger häufig gemäht werden, sodass man weniger Benzin oder Strom für den Rasenmäher verbraucht. Man muss ihn nur einmal im Jahr im Spätsommer nach der Selbstaussaat mähen.

Weiß-Klee kommt ohne Dünger aus, er verdrängt andere Wildpflanzen. Er gedeiht auch in nährstoffarmen Böden, daher muss

Rechts Selbstausgesäte Margeriten und sogar Orchideen erschienen in unserer nicht mehr gemähten Wiese.

man auch keinen Mutterboden für viel Geld kaufen. Die Blüten des Weiß-Klees locken viele nützliche Insekten an, darunter auch Schlupfwespen oder andere Räuber, die Pflanzenschädlinge wie Blattläuse vertilgen. Solche Nutzinsekten sind Verbündete beim Gärtnern.

Für die Anlage eines Kleeteppichs brauchen Sie manchmal nur auf Unkrautbekämpfungsmittel zu verzichten und der Natur ihren freien Lauf lassen. Weiß-Klee bevorzugt lehmigen Boden, er wächst und sät sich oft ohne zusätzliche Kosten im Rasen aus. Sie können auch Saatgut kaufen und es im Frühjahr an einer kahlen Stelle im Rasen aussäen. Beim Weiß-Klee handelt es sich um eine kurzlebige Staude, daher soll er sich immer selbst aussäen können. Verzichten Sie auf Herbizide, die den Klee abtöten würden.

Blumenwiese

Eine Wiese bringt spannende Aspekte. Lässt man der Natur freien Lauf, überrascht sie mit heimischen Wildblumen, prächtigen Texturen und einer Vielzahl von Farben – und all das mit äußerst geringem finanziellem Aufwand. Selbst auf kleinstem Raum kann man einen Bereich allein für Wildblumen reservieren.

Eine Möglichkeit zur Anlage einer Blumenwiese besteht darin, Samen und Pflanzen zu kaufen, doch das kann teuer werden. Wenn Sie nicht viel Geld ausgeben wollen, aber bereits eine wunderbare Wiese haben, lassen Sie sie einfach stehen!

Will man einen Rasen in eine Wiese verwandeln, kann man zulassen, dass sich heimische Wildblumen von selbst ansiedeln. Zu Beginn wird das Gras vorherrschen und die Blütenpflanzen verdrängen. Bald kommt eine wunderbare einjährige einheimische Pflanze ins Spiel: der Klappertopf (*Rhinanthus minor* oder *Rhinanthus alectorolophus*). Sie zapft als Halbparasit Graswurzeln an und schwächt und verdrängt das Gras. Mit einer Aussaat des Klappertopfs wandeln Sie überaus kostengünstig den Rasen in eine Wiese um. Noch besser ist es, Sie sammeln seine Samen gegen Sommerende während Ihrer Spaziergänge (siehe S. 157). Fragen Sie immer den Grundstückseigentümer um Erlaubnis. Sammeln Sie nicht in Schutzgebieten und nehmen Sie nur dann Samen ab, wenn viele vorhanden sind (Sie selbst brauchen nicht allzu viele). Wie der Name schon andeutet, erkennt man die trockenen Kapselfrüchte leicht, weil sie ein rasselndes Geräusch von sich geben, wenn man sie berührt.

Nach Ausbringen des Klappertopfs können Sie die faszinierende Verwandlung Ihrer Blumenwiese beobachten. Sobald das Gras schwindet, werden sich innerhalb des ersten Jahres einige einheimische Wildblumen ansiedeln. Gegen Sommerende mähen Sie die Wiese nach erfolgter Aussaat und lassen dem nächsten Wachstumszyklus freien Lauf.

Anyas Insider-Tipp

Wenn Sie eine Blumenwiese anlegen, ist ein nährstoffarmer Boden das Wichtigste. Wenn Sie sie am Ende des Sommers mähen, müssen Sie das Schnittgut entfernen. Es soll sich nicht zersetzen und dem Boden Nährstoffe zuführen. Düngen Sie nicht, denn das würde das Gras zu Lasten der Kräuter fördern.

Natürliche Grasflächen, im Uhrzeigersinn von oben links: Eine Hummel trinkt am Weiß-Klee Nektar. Zierlauch (*Allium hollandicum* 'Purple Sensation') bringt im Frühsommer Farbe in die Blumenwiese. Der Klappertopf hat im Hochsommer immer noch Blüten, während sich die Kapselfrüchte entwickeln. Verwilderte Narzissen in der frühlingshaften Wiese.

Verschiedene Pflanzen, die unter Wasser und aus dem Wasser heraus wachsen oder Schwimmblätter haben, produzieren Sauerstoff. Es entsteht im Idealfall ein gesundes Gleichgewicht, wenn Licht zum Teichgrund vordringt. Der Teich bleibt dadurch sauber.

TEICHE

Wo Wasser ist, da ist Leben. Jede Art von Wasserfläche lockt Tiere an und sorgt für mehr Artenvielfalt im Garten, sodass er interessanter wird. Vögel und nützliche Insekten helfen bei der Bekämpfung weniger geschätzter Insekten, und das spart Zeit und Geld.

Sogar im kleinsten Garten lässt sich ein Platz für Wasser einrichten, ohne allzu viel Geld dafür auszugeben. Im Grunde brauchen Sie nur einen großen Behälter für Wasser. Das kann eine ausgediente Badewanne sein, ein Waschbecken oder ein halbes Weinfass. Abdichten können Sie mit Teichfolie. Im Folgenden beschränke ich mich auf kleinere Teiche.

Ein größerer Teich bedeutet schon ein richtiges Projekt und kann ins Geld gehen. Aber wenn Sie sich so einen Teich wünschen, lohnt sich die Mühe, ihn richtig zu planen und anzulegen.

Den Mini-Teich platzieren

Ein Wasserspiel in einem Gefäß kann überall im Garten stehen – auf der Terrasse, im Gemüsebeet oder irgendwo sonst, wo es als Blickfang dient. Es regt dazu an, eine Weile innezuhalten und die Natur zu beobachten. Je nach Belieben können Sie das Gefäß auch im Boden versenken.

Der Mini-Teich muss auf einer ebenen Fläche stehen, am besten abseits von Bäumen oder Sträuchern, damit kein Laub ins Wasser fällt, und so, dass Sonne im Wechsel mit Schatten herrscht. Vor dem Einfüllen des Wassers sollten Sie einige Steine in den Behälter legen, damit Tiere leicht hinein- und herausklettern können. Felsbrocken und Aststücke können in Gesellschaft mit Pflanzen und Wasser sehr attraktiv aussehen. Füllen Sie den Mini-Teich vorsichtig – falls verfügbar mit Regenwasser – und verrücken Sie die Steine dabei nicht.

Bepflanzung und Pflege

Sie müssen dafür sorgen, dass das Wasser sauber bleibt. Der natürlichste und kostengünstigste Weg dorthin führt über Unterwasserpflanzen, die tagsüber Sauerstoff produzieren. Sie halten den Teich sauber und drängen Algen zurück, die unter sauerstoffarmen Bedingungen wachsen, sich ausbreiten und ohne Gegenmaßnahmen bisweilen die gesamte Wasseroberfläche bedecken. Einige sauerstoffspendende Pflanzen wie die Europäische Wasserfeder (*Hottonia palustris*) oder der Wasser-Hahnenfuß (*Ranunculus aquatilis*) bereichern den Mini-Teich mit ihren Blüten, die wiederum bestäubende Insekten anlocken. Weitere hervorragende Sauerstofflieferanten sind das Gewöhnliche Quellmoos (*Fontinalis antipyretica*) und das Raue Hornblatt (*Ceratophyllum demersum*). Sie können weitere Teichpflanzen hinzufügen, wie z. B. den Gewöhnlichen Schwimmfarn (*Salvinia natans*), die Schwanenblume (*Butomus umbellatus*) oder das Pfeilkraut (*Sagittaria sagittifolia*).

Bei anhaltend trockener Witterung müssen Sie eventuell Wasser auffüllen. Entfernen Sie im Herbst eingefallene Blätter. Hin und wieder müssen Sie auslichten, wenn der Teich überwuchert wirkt. Mindestens ein Drittel der Wasserfläche sollte frei von Bewuchs sein.

Verschiedene Pflanzgefäße, im Uhrzeigersinn von oben links: Eine bunte Dose ergibt ein ansehnliches Gefäß für einen Sämling. Kleine Fläschchen nehmen zarte Blumen wie die Jungfer im Grünen (*Nigella*) auf. In das halbierte alte Whiskyfass wurden Wasserabzugslöcher gebohrt. Duft-Wicken in einem ausgedienten Krug.

PFLANZGEFÄSSE ALLER ART

Töpfe und andere Pflanzgefäße spielen eine wichtige Rolle für jeden Garten, ganz gleich, ob sie Pflanzen auf der Terrasse präsentieren oder Stecklinge zum Bewurzeln aufnehmen. Zum Glück kann man sich leicht günstige Pflanzgefäße beschaffen.

Je mehr Fantasie Sie entwickeln, desto mehr Geld können Sie sparen. Wann immer Sie interessante Ideen sehen, notieren Sie sie oder machen Sie rasch ein Foto, um das Motiv für spätere Projekte im Hinterkopf zu behalten.

Zweitverwendung von Behältern

Ausrangierte Gegenstände können perfekte Pflanzgefäße ergeben. Eine Porzellanspüle, eine Zinkwanne oder ein Zinkeimer, gefüllt mit Vergissmeinnicht oder Zwiebelblumen, sehen fantastisch aus. Später im Jahr kann man sie mit Fingerhut, Dahlien und anderen Bauerngartenblumen bepflanzen. Weitere Möglichkeiten bieten Dosen, in die man Sukkulenten oder Steinbrech setzt, oder ein Paar abgenutzter Gummistiefel, eine undichte Gießkanne oder ein alter Wasserkessel, der Hängepflanzen wie das Pfennigkraut (*Lysimachia nummularia*) aufnimmt, das zugleich Dellen kaschiert. Eine ausgediente Badewanne eignet sich für die Kultur von Erdbeeren oder Kirschtomaten.

Pflanzgefäße müssen nicht zwingend tief sein, sofern Sie die geeigneten Pflanzen wählen. Gewächse mit sehr flachem Wurzelsystem, wie Fetthenne (*Sedum*) oder Hauswurz (*Sempervivum*), wachsen in den ungewöhnlichsten Behältern, wie z.B. großen Muscheln. Bohren Sie in jedem Fall einige Wasserabzugslöcher in den Boden, damit die Erde nicht dauerhaft nass ist. Ich bohre normalerweise ein bis fünf Löcher im Abstand von 5–8 cm.

Die Aufstellung

Kreativität ist auch bei der Präsentation von Pflanzgefäßen gefragt. Ein alter Stuhl, an einer Wand befestigt, ergibt eine Stellage für Töpfe. Eine Leiter kann als Regal für kleine Gefäße dienen. Wenn Sie einen alten Leiterwagen mit Töpfen füllen und in die Nähe eines Sitzplatzes stellen, kann man die Pflanzen aus nächster Nähe betrachten. Halten Sie außerdem nach Gefäßen für Schnittblumen Ausschau. Dekorative alte Flaschen und Gläser eignen sich gut dafür, vielleicht auch angeschlagenes oder gesprungenes Porzellangeschirr.

Überzählige Töpfe

Früher habe ich für die Vermehrung Kunststofftöpfe gekauft, doch das war unnötig. Es gibt bereits so viele überflüssige Kunststofftöpfe, ich musste sie nur finden. Ich nahm Kontakt zu Landschaftsbauunternehmen auf und erhielt Hunderte überzähliger Töpfe, die ich immer wieder verwende. Auch Obstschalen aus dem Supermarkt oder Eierschachteln verwende ich für Aussaaten. Die Pappkerne von Klopapierrollen sind perfekt für Duft-Wicken, die hohe, schmale Pflanzgefäße wollen.

GARTENMÖBEL

Der Außenbereich kann zum grünen Wohnzimmer werden. Dort können Sie sich entspannen, Gäste empfangen oder sich einen Arbeitsplatz einrichten. Möbel erhält man durchaus zu vernünftigen Preisen. So schaffen Sie einen einladenden und individuellen Bereich.

Möbel im Garten verlocken dazu, mehr Zeit im Freien zu verbringen und wirklich zu genießen. Geschickt platzierte Gartenmöbel schaffen markante Blickpunkte in überlegt gewählten Farben. Sie können eine gebrauchte Bank neben einem großen Pflanzkübel oder einer Topfgruppe am Wegende aufstellen oder Sie haben eine hell gestrichene Bistro-Kombination, auf deren Tisch in der Nachmittagssonne einige hübsche Sukkulenten im Topf leuchten. Möbel, die nicht in unmittelbarer Nähe des Hauses stehen, geben Ihnen auch die Möglichkeit, innezuhalten und sich hinzusetzen, um Haus und Garten aus einer anderen Perspektive zu betrachten.

Geeignetes Mobiliar finden

Die Möbel müssen nicht alle aufeinander abgestimmt sein. Eine Mischung aus Holz, Metall oder Rattan, Hängesesseln und Hängematten, einzelnen Stühlen und Hockern kann einen ansprechenden und entspannten Außenbereich ergeben.

Allerhand Möbel lassen sich aus recycelten Materialien herstellen, und manche Leute entwickeln viel Kreativität beim Anfertigen von Mobiliar. Wenn Sie neue Gartenmöbel kaufen möchten, sollten Sie den Zeitpunkt klug wählen. Die Möbelhäuser planen genau, wann die Kunden beginnen, über ihren Außenbereich nachzudenken – und genau dann sind Gartenmöbel am teuersten. Versuchen Sie, vorausschauend zu denken und Ihre Gartenmöbel außerhalb der Saison zu kaufen – vielleicht im Spätsommer oder Herbst. Damit können Sie eine Menge Geld sparen.

Wenn Sie gebrauchte Möbel erwerben wollen, sollten Sie im Winter und Frühjahr auf die Suche gehen, wenn viele Leute ihre Möbel ersetzen und die alten loswerden wollen. Dann können Sie nach gebrauchten Möbeln Ausschau halten oder im Internet auf die Suche gehen. Vielleicht gibt es vor Ort auch einen Laden für Gebrauchtwaren.

Ganz unabhängig davon, ob Ihre Möbel neu oder gebraucht sind, sollten Sie auf das Material achten, aus dem sie gefertigt sind. Ihre Investition soll sich schließlich lohnen. Ich würde Ihnen nicht zum Kauf neuer Kunststoffmöbel raten, aber Sie könnten sie aus zweiter Hand erwerben. Metall und Holz können sehr langlebig sein, auch wenn sie aus zweiter Hand stammen. Prüfen Sie jedoch vor dem Kauf, ob sie intakt sind. Pflegen Sie Ihre Möbel, indem Sie Holzmöbel reinigen, ölen oder streichen und Metallteile abschleifen und neu lackieren. Sofern Sie dafür Platz haben, sollten Sie die Möbel im Winter überdacht aufbewahren, damit sie nicht dem Einfluss der Witterung ausgesetzt sind.

Rechts Sorgfältig gepflegte Möbel halten viele Jahre lang.

Kapitel 3

DER NATURNAHE GARTEN

Es liegt an uns, was wir im Garten tun, wie viel Geld wir ausgeben, was wir ziehen und inwieweit wir dabei die Umwelt berücksichtigen. Eines ist sicher: Leben in Einklang mit der Natur spart Geld.

ARBEITEN IM EINKLANG MIT DER NATUR

Beim Gärtnern führen viele Wege zum Ziel. Ich arbeite immer gern mit der Umwelt und den Tieren zusammen und genieße die Entwicklung und das Endergebnis. Die Arbeit im Einklang mit der Natur spart Zeit und Geld und bringt uns unserem Traumgarten ein Stück näher.

Jedes Glied der Nahrungskette in unserem Garten ist lebenswichtig. Je weniger wir eingreifen, desto besser. Als Imkerin mit einer großen Leidenschaft für Insekten, die Blüten bestäuben, möchte ich meinen Garten für Wildtiere so attraktiv wie möglich gestalten. In jedem Garten gibt es Schnecken und Raupen, aber sie sind eine wichtige Nahrung für Vögel, Frösche und Igel. Kommen diese Wildtiere in den Garten, dann bereiten »Schädlinge« weniger Probleme. Legt man dagegen einen Teil des Ökosystems im Garten brach, schädigt man die verbliebenen Lebewesen, sodass der Garten weniger widerstandsfähig ist.

Lebensräume fördern

Worin besteht das Geheimnis? Zunächst müssen wir so viele Lebensräume wie möglich für Tiere schaffen. Dadurch werden Räuber wie Vögel, Igel, Frösche, Marienkäfer, Kröten, Tausendfüßer, Laufkäfer und andere Arten gefördert. Sie fressen Schnecken und Blattläuse. Ebenfalls wichtig für ein gesundes Gartenökosystem sind ein nährstoffreicher Boden (siehe S. 66–71) und gesunde, robuste Pflanzen. All diese Elemente unterstützen sich gegenseitig und führen zum resilienten Garten, dem die häufiger auftretenden Wetterextreme wenig anhaben können.

Links Lavendel lockt eine Vielzahl von Bienen und anderen Bestäubern an.

Höheres Gras stehen lassen

Das Einfachste und Beste, was Sie tun können, besteht darin, in einigen Bereichen des Gartens nicht zu mähen. Wiese um Bäume herum oder am Gartenrand kann man einfach stehen lassen. Hätten die unzähligen Gärten einen unberührten Bereich, gäbe es Nahrung und Lebensräume für Millionen Wildtiere. Mähen Sie den naturbelassenen Bereich nur einmal im Jahr gegen Sommerende, wenn alle dort wachsenden Pflanzen ausgesamt haben. Beobachten Sie diesen Teil Ihres Gartens und lauschen Sie, um die Tiere kennenzulernen und festzustellen, welche Pflanzen sie mögen. Löwenzahn bietet Nahrung für bestäubende Insekten und an Brennnesseln fressen die Raupen von Schmetterlingen wie Tagpfauenauge, Distelfalter und Kleiner Fuchs. Insekten stehen am Anfang der Nahrungsketten und ohne sie können andere Tiere nicht überleben.

Auf größerer Fläche können Blumenwiesen ungeheuer beeindruckend aussehen (siehe S. 50–53). Aber auch in einem kleineren Garten können Sie ein kleines Beet mit Wildblumen anlegen, oder Sie wandeln den Rasen um und mähen einen Weg hinein. Naturbelassene Flächen im Garten sorgen mitunter für ganz erstaunliche Strukturen. Arbeiten im Einklang mit der Natur bedeutet einen Gewinn für alle!

Mischkulturen

Wenn wir dieselben Pflanzen in Reihen oder Gruppen pflanzen, schaffen wir ideale Bedingungen für Schadinsekten und Krankheitserreger, die sich ungehindert von einer Pflanze zur nächsten ausbreiten. Wenn sie sich schnell vermehren, können sie gravierende Schäden verursachen. Ein Beispiel: Viele Kohlköpfe in einer Gruppe locken den Kohlweißling zur Eiablage an und seine Raupen fressen sich durch viele Kohlblätter. Es kann Zeit und Geld kosten, das Problem wieder in den Griff zu bekommen, und Sie kommen in Versuchung, kostspielige und umweltschädliche Insektizide einzusetzen.

Die Alternative besteht darin, die Kohlreihen oder -gruppen mit anderen Pflanzen wie z.B. Kapuzinerkresse zu durchsetzen. Der Kohlweißling legt seine Eier bevorzugt an dieser Pflanze ab, sodass sich die Schäden an den Kohlblättern in Grenzen halten. Bei Mischkulturen setzt man Pflanzen nebeneinander, die sich gegenseitig unterstützen. Die Pflanzen wachsen innerhalb ihrer Gemeinschaft besser und sind weniger anfällig für Schädlingsbefall und Krankheiten. Blütenpflanzen locken außerdem bestäubende Insekten an. Wenn man stark duftende Zierpflanzen inmitten von Nutzpflanzen setzt, kann man mitunter »Schädlinge« fernhalten. Das schützt die Ernte und hilft, Geld zu sparen.

Wie man dabei vorgeht, hängt natürlich von den Kulturen ab. Falls mehrjährige Pflanzen wie Lavendel oder Salbei als Begleitpflanzen dienen, kann man sie einfach stehen lassen und andere Pflanzen daneben setzen. Einjährige Pflanzen wie Kapuzinerkresse muss man jedes Jahr aus Samen ziehen. Jungpflanzen muss man zur gleichen Zeit wie die anderen schutzbedürftigen Pflanzen (z. B. Tomaten) auspflanzen. Einige beliebte und wirksame Kombinationen sind: Zierlauch mit Möhren, Thymian mit Rosen, Lavendel mit Rosmarin, Borretsch mit Erdbeeren, Ringelblumen mit Zucchini, Studentenblumen (*Tagetes patula*) mit Tomaten und Kapuzinerkresse mit Gurken.

Keine Pestizide

Der Einsatz von Pestiziden bedeutet, dass man nicht nur die sogenannten Schädlinge vernichtet, sondern auch andere wesentliche Elemente des Ökosystems schädigt. Dies verursacht weitere Schäden, was wiederum zu höheren Ausgaben führen kann. Synthetische Pflanzenschutzmittel sollten für uns alle nur noch eine ferne Erinnerung sein! Anstelle von Unkrautvernichtungsmitteln (Herbiziden) hat sich bei mir das Mulchen bewährt (siehe S. 68–69). Ich lasse auch das Laub den Winter über auf dem Boden liegen, um unerwünschten Aufwuchs zu unterdrücken.

Synthetische Schädlingsbekämpfungsmittel wirken schnell und gehen ins Geld. Ihr Einsatz tötet auch Insekten, die sich von »Schädlingen« ernähren, sowie Bienen und Schmetterlinge, die Ihre Blumen bestäuben und den Garten zu einem Ort der Freude machen. Wie bereits erwähnt, stört das Ausbleiben einer Tierart das natürliche Gleichgewicht. Andere Tiere wandern ein oder verziehen sich, was weitere Komplikationen mit sich bringt. Der Schlüssel liegt darin, mit der Natur zu arbeiten und nicht gegen sie.

Rechts Ein Schachbrettfalter hat sich auf einem blühenden Gras niedergelassen.

DEN BODEN VERBESSERN

Der Boden bildet die Grundlage für einen gesunden Garten, aber Sie müssen zur Bodenverbesserung keine teuren Zusatzstoffe kaufen. Ein naturnaher Garten liefert die benötigten Materialien. Verwerten Sie das Vorhandene. Dadurch halten Sie auch einen Nährstoffkreislauf innerhalb des Ökosystems Garten aufrecht. Damit profitiert der Garten von Ihrer Arbeit und der Unterstützung von Wildtieren.

Den Boden kann man auf verschiedene Weise regenerieren und schützen. Zugeführter Kompost bringt Nährstoffe für das Pflanzenwachstum ein und verbessert die Bodenstruktur. Es kommt sehr darauf an, den Boden vor Wasserverlusten zu schützen und für Temperaturausgleich zu sorgen: Eine Mulchauflage trägt dazu bei (siehe nächste Doppelseite).

Eigenen Kompost bereiten

Kompostbereitung kann zur Leidenschaft werden. Das angestrebte Resultat ist ein wunderbarer, dunkler und krümeliger Kompost, der sich ideal zum Abdecken und Anreichern des Bodens eignet. In den meisten Gärten ist Platz für einen Komposthaufen oder eine Form von Kompostbehälter. Sie können einen Haufen in einer Ecke anlegen, aus Paletten eine Kompostmiete bauen oder einen der vielen im Handel erhältlichen Behälter kaufen.

Der Kompostplatz muss gut zugänglich sein, damit Sie die Abfälle leicht einfüllen und den Kompost mühelos herausschaufeln können. Er sollte jedoch nicht allzu prominent liegen. Wählen Sie einen etwas versteckten Platz, nach Möglichkeit im Halbschatten, wo es nicht zu warm oder zu kalt wird. Ein Kompost soll nicht austrocknen und nicht vernässen. Doch keine Sorge: Den »perfekten« Standort gibt es nicht. Wenn der Komposthaufen nicht am optimalen Platz steht, dauert die Rotte vielleicht nur ein wenig länger.

Was gehört auf den Kompost?

Für die Kompostbereitung können Sie Putzabfälle aus der Küche und Gartenabfälle verwerten. Für einen guten Kompost brauchen Sie ganz grob gesagt Stoffe mit einem Verhältnis von ungefähr gleich viel Stickstoff (aus grünen Pflanzenteilen) und Kohlenstoff (aus braunen Pflanzenteilen). Stickstoff liefern: Grasschnitt, einjährige Unkräuter, Gemüse- und Obstschalen, Kaffeesatz, Teebeutel, Grünschnitt und verblühte Blumen. Hohe Kohlenstoffanteile haben: abgestorbene Blätter, zerkleinerte Zweige und Äste, zerrupfte Pappe, Papier, altes Stroh oder Sägemehl. Geben Sie höchstens geringe Mengen von gekochtem Essen auf den Haufen, denn es könnte unerwünschte Tiere anlocken.

Bei einer ausgewogenen Zusammensetzung der miteinander vermischten Ausgangsstoffe besorgen Bakterien und andere Mikroorganismen den Abbau und die Kompostbereitung innerhalb weniger Monate. Setzt man den Hau-

Als Ausgleich für den stickstoffreichen Grünschnitt in der Kompostmiete mische ich kohlenstoffreiche Abfälle, etwa zerrupfte Pappe, hinzu. Viele Grünabfälle, insbesondere Rasenschnitt, faulen leicht, wenn sie nicht mit anderen Materialien gemischt werden.

fen gelegentlich um, kommt mehr Luft heran und der Vorgang beschleunigt sich.

Wenn Sie keinen eigenen Kompost bereiten können, etwa weil es an Platz fehlt, Sie in einer Mietwohnung leben oder einen Umzug vor sich haben, gibt es Alternativen. Grünabfallsammelstellen bieten hochwertigen Kompost kostenlos oder gegen eine geringe Gebühr an. Die Qualität des Komposts kann variieren. Bei der Kompostierung in großem Umfang entsteht so starke Hitze, dass die meisten Unkrautsamen abgetötet werden.

Mulchen

Man meint damit eine Bodenauflage um die Pflanzen herum. Mulchen spart Zeit und Geld, denn es bleibt mehr Feuchtigkeit im Boden und Unkraut wird unterdrückt. Eine Auflage aus organischen Stoffen wird mithilfe der Regenwürmer allmählich in den Oberboden eingearbeitet, und dabei verbessert sich die Bodenstruktur. Erde und Wurzeln bleiben im Sommer kühl und im Winter erhalten sie Schutz vor Frost. Mulch schützt auch vor Abschwemmung bei starkem Regen.

Natürliche Mulchmaterialien erhält man umsonst aus dem Haushalt und dem Garten. Verwenden können Sie Rasenschnitt, Holz- oder Rindenhackschnitzel, Blätter, jegliches gehäckseltes Material aus dem Garten, Stroh, gut abgelagerten Mist von Pflanzenfressern, zerrupfte Pappe und Blumenerde. Wollvlies eignet sich hervorragend zum Mulchen, es soll Schnecken abwehren. Auch Falllaub eignet sich zum Abdecken.

Mulch bringt man am besten im Frühling oder Herbst aus. Die Auflage sollte mindestens 5 cm dick sein.

Links Rasenschnitt wird als Mulch um die Pflanzen herum ausgebracht.

Rasenschnitt

Schnittgut vom Rasen können Sie als Mulch unmittelbar auf Beeten ausbringen. Regenwürmer ziehen das Gras in den Boden, wo es zersetzt wird und den Anteil organischer Substanz erhöht. Der Grasschnitt setzt Nährstoffe frei und verbessert die Struktur des Bodens. Er erhöht die Wasserspeicherfähigkeit des Bodens. Zudem durchwühlen die Regenwürmer den Boden, durchlüften ihn und sorgen für eine bessere Wasserführung.

Rasenschnitt eignet sich dann als Mulch, wenn keine Dünger oder Herbizide eingesetzt wurden und Blütenpflanzen keine Samen angesetzt haben.

Anyas Insider-Tipp

Maulwurfshügel enthalten lockere Erde, die man mit Kompost als Topferde vermischen kann. Das lohnt sich besonders bei größeren Behältern, die viel Substrat aufnehmen. Diese Erde erhöht auch die Fruchtbarkeit des Gartenbodens.

Nährstoffzufuhr auf natürliche Weise

Pflanzennahrung selber herstellen ist einfach, umweltfreundlich und äußerst günstig. Brennnesseln und Beinwell liefern reichlich Blattmasse. Man kann daraus kostenlosen, nährstoffreichen Dünger herstellen und sie wachsen so schnell nach, dass man immer wieder neue Chargen bereiten kann. Alternativ können Sie auch Gründüngungspflanzen zur Bodenverbesserung aussäen.

Selbst bereiteter Dünger

Brennnesseln gedeihen in stickstoffreichen Böden und können andere Pflanzen verdrängen. Ihre Wurzeln leiten Stickstoff aus dem Boden in die Blätter, aus denen man dann Dünger bereiten kann. Stickstoff ist besonders wichtig für das Wachstum der Blätter. Der Dünger versorgt die Pflanzen im Frühjahr zur Zeit des Neuaustriebs. Brennnesseln enthalten außerdem viel Eisen, Kalzium und Magnesium. Beinwellblätter sind reich an Kalium, das für die Blüten- und Fruchtbildung wichtig ist. Ich verwende sie, sobald die Pflanzen Knospen gebildet haben. Sie eignen sich hervorragend zum Düngen von Dahlien und anderen nährstoffbedürftigen Pflanzen. Beinwell ist auch reich an Stickstoff, Phosphor, Vitamin B12 und vielen Spurenelementen. Eine wöchentliche Düngung von April bis Oktober mit dem Flüssigdünger wirkt Wunder! So stellen Sie Beinwelldünger her. Mit Brennnesseln geht es genauso.

Sie brauchen:

Schere
Messer
Eimer voll Wasser

1. Schneiden Sie Beinwellblätter von den Pflanzen ab. Tragen Sie Handschuhe zum Schutz vor den hautreizenden Härchen.

2. Füllen Sie einen ganzen Eimer damit.

3. Zerkleinern Sie die Blätter grob.

4. Geben Sie die Blätter in einen Eimer voll Wasser und legen Sie einen Deckel auf (es wird stinken!). Nach 2–6 Wochen Zeit der Gärung ist der Dünger einsatzbereit. Verdünnen Sie im Verhältnis von 1 : 10.

Gründüngung

Man sät diese schnell wachsenden Pflanzen aus, schneidet sie und bringt sie dann zur Nährstoffzufuhr und Strukturverbesserung in den Boden ein. Häufig sät man sie zwischen Gemüsekulturen. Das Hauptziel ist die Anreicherung von organischer Substanz im Boden, aber viele Gründüngungspflanzen nehmen Stickstoff aus der Luft auf und bringen ihn in den Boden ein. Darüber hinaus drängen sie Unkraut zurück. Blühende Arten locken Nützlinge an.

Manche zieht man von Frühling bis Herbst, andere im Herbst und Winter. Man streut einfach die Samen und recht sie ein. Nach 60–90 Tagen kappt man den Aufwuchs und lässt ihn am Boden ein paar Tage lang welken. Man harkt die Pflanzen in die obersten 25 cm des Bodens ein und wartet mit der Bewirtschaftung 2–3 Wochen oder länger. Im Frühling und Sommer sät man Bienenfreund (*Phacelia tanacetifolia*) oder Klee (*Trifolium*-Arten), im Herbst und Winter Weißen Senf (*Sinapis alba*) oder Winter-Roggen (*Secale cereale*).

1.

2.

3.

4.

Kluger Einsatz von Wasser (von oben links im Uhrzeigersinn): Salbei stammt aus dem Mittelmeerraum und kommt gut mit Trockenheit zurecht. Mohn gedeiht unter trockenen Bedingungen. Mein Wasserfass sammelt wertvolles Regenwasser. Gießen Sie gezielt von Hand, anstatt einen Beregner einzusetzen.

WASSER SPAREN

Die sich verändernden Wetterbedingungen verheißen uns anhaltende Trockenheit ebenso wie Starkregen. Der Garten muss daher widerstandsfähig gegen Wetterextreme werden. Mit den hier beschriebenen Maßnahmen floriert Ihr Garten bei geringem Wasserverbrauch.

Eine effiziente Wassernutzung im Garten hilft der Umwelt und spart Zeit und Geld. Deshalb ist sie in jeder Hinsicht sinnvoll.

Regenwasser auffangen

Regenfässer erweisen sich als unentbehrlich. Sie stehen neben dem Fallrohr am Haus oder unter einer Dachrinne an einem Schuppen oder Nebengebäude. Das darin aufgefangene Regenwasser können Sie bei Trockenheit verbrauchen. Sie können auch Grauwasser aus dem Haushalt (vom Abwasch, aus der Badewanne oder vom Reinigen eines Aquariums) auffangen. Das Wasser zum Gießen von Pflanzen darf keine Chemikalien und nur sehr wenig Schmutz oder Reinigungsmittel enthalten. Töpfe und anderes wasche ich immer über einem Beet ab oder sammle das Wasser zum Wiederverwerten in einem Bottich.

Wasser mit Bedacht einsetzen

Mit der kostbaren Ressource Wasser sollte man sorgsam umgehen. Frisch gepflanzte Pflanzen gieße ich immer, bis sie eingewachsen sind, damit meine Stecklinge nicht austrocknen. Gras gieße ich nie, denn selbst wenn es im Sommer verdorrt ist, ergrünt es wieder. Wenn ich morgens oder abends gieße, verdunstet weniger, sodass die Bewässerung effektiver ist. Durch Mulchen (siehe S. 68–69) verringert sich die Verdunstung im unmittelbaren Wurzelbereich, es empfiehlt sich daher unbedingt. Ich kleide Tontöpfe und Blumenampeln mit zurechtgeschnittenen Erdsäcken aus Kunststoff aus, in die ich Wasserabzugslöcher schneide. Dies verringert die Verdunstung über die Seitenwände.

Prüfen Sie Bewässerungsschläuche auf Löcher und erneuern Sie bei Bedarf die Verbindungsstücke. Vermeiden Sie Beregner, die nur eine große Fläche bewässern und nicht gezielt die Pflanzen, die Wasser benötigen.

Die Bepflanzung anpassen

Weil wir in Zukunft mit längeren Dürreperioden rechnen müssen, lohnt es sich, bewusst Pflanzen auszuwählen, die unter trockeneren Bedingungen gedeihen. Dadurch sparen Sie Geld, weil Sie sie nicht so oft gießen müssen. Der Garten passt sich auf diese Weise an die veränderten Bedingungen an.

Zu den trockenheitsverträglichen Stauden zählen Frauenmantel, Montbretie (*Crocosmia*), Mohn-Arten, Katzenminze (*Nepeta*) und Purpur-Sonnenhut. Als Halbsträucher und Sträucher kommen Lavendel, Heiligenkraut, Felsenbirne und Berberitze infrage. Viele Kräuter, wie Oregano, Salbei, Thymian und Rosmarin, gedeihen bei Trockenheit besonders gut und entwickeln ein intensiveres Aroma. Auch weitere Pflanzen, die sowohl Pflanzgefäße als auch den Garten zieren, vertragen Trockenheit.

DAMIT DIE PFLANZEN GESUND BLEIBEN

Die vielen sogenannten Schädlinge oder Krankheiten sind Teil des Ökosystems Ihres Gartens, und hier hat jedes kleine Element seinen Platz. Setzt man Pestizide zur Beseitigung eines Elements ein, kann es negative Folgen haben, die Geld kosten. Oft erweisen sich »Schädlinge« sogar als Helfer, die das Gärtnern erschwinglicher machen. •

Vorbeugen ist immer besser als Heilen. Ideale Wachstumsbedingungen (siehe S. 18), die Einhaltung ökologischer Grundsätze sowie die Sorge um die Bodengesundheit und ein echtes Verständnis um die Funktionsweise des Ökosystems sichern den Gesundheitszustand des Gartens. Dadurch geraten »Schädlinge« kaum außer Kontrolle. Krankheiten will man im Garten auch nicht haben, aber Sie können Maßnahmen ergreifen, um das Risiko zu verringern.

Sorgfältige Pflanzenwahl

Sie können bei der Pflanzenauswahl neben den allgemeinen Kriterien (siehe S. 16) auch die Widerstandsfähigkeit gegenüber Krankheiten und Schädlingen beachten. Dazu finden Sie reichlich Informationen auf den Etiketten und den Samenpäckchen oder wenn Sie im Internet recherchieren. Die Auszeichnung »Award of Garden Merit« der Royal Horticultural Society (RHS, siehe S. 80) ist dabei ein wichtiger Hinweis. Wenn sich eine Pflanze besonders bewährt, vermehren Sie sie für andere Stellen in Garten.

Umgang mit Schäden

Gesunde Pflanzen verkraften einen gewissen Insektenbefall. Der Schaden, den ein paar Schnecken oder Raupen anrichten, spielt bei einer großen, wüchsigen Pflanze kaum eine Rolle, zumal wenn es natürliche Fressfeinde in ihrer Nähe gibt. Frösche, Kröten, Tausendfüßer, Laufkäfer, Blindschleichen, einige Vögel und manchmal Igel fressen Schnecken. Schmetterlingsraupen sind für viele Vogelarten unverzichtbar, denn sie verfüttern sie an ihre Jungen. Im Garten sollten Sie alle hilfreichen Räuber fördern. Wespen werden oft als lästig empfunden, doch sie sind für das ökologische Gleichgewicht im Garten sehr wichtig. Sie tauschen sich mit anderen Mitgliedern der Kolonie über die besten Nahrungsquellen aus und erbeuten systematisch alle Schmetterlingsraupen, die sich auf einer Pflanze versammelt haben.

Es gibt ein paar Dinge, die Sie tun können, wenn an den Pflanzen Schäden auftreten. Eine regelmäßige Kontrolle der Pflanzen empfiehlt sich, um eventuelle Probleme frühzeitig zu bemerken. Prüfen Sie gefährdete Pflanzen wie Funkien oder Dahlien so oft wie möglich. Einzelne Schadinsekten oder Schnecken sammle ich einfach ab. Dadurch bekommt die Pflanze Zeit, sich zu erholen. Ich spüle auch einige Insekten mit Wasser ab, z. B. spritze ich Blattläuse von den Rosen, damit sie keinen Pflanzensaft mehr saugen.

Freund und Feind, im Uhrzeigersinn von oben links: Eine Schnecke sucht unter einem Topfrand Schutz. Die Raupe eines Königskerzen-Mönchs frisst an der Königskerze *Verbascum chaixii*. Blattläuse am Hartriegel (*Cornus*). Eine Honigbiene sammelt an den nektarreichen Blüten der Gründüngungspflanze Bienenfreund (*Phacelia tanacetifolia*).

Kapitel 4

ERFAHRUNGEN SAMMELN

Auch wenn Sie bisweilen in eine Pflanze vernarrt sind, sollten Sie etwas mehr über ihre Ansprüche und ihr Wachstumsverhalten herausfinden, bevor Sie für sie Geld ausgeben. Gehen Sie auf Nummer sicher, damit die Wahl auf etwas fällt, das in Ihrem Garten gedeiht und in jeder Hinsicht hohen Wert hat.

GRUNDSÄTZLICHES ÜBER PFLANZEN

Wenn Sie wissen, wie die verschiedenen Pflanzen wachsen, können Sie den Garten besser planen und die besten Pflanzen für Ihren Geldbeutel auswählen. Ein wunderbares Ergebnis steht in Aussicht.

Beim Gärtnern geht es nicht darum, Pflanzen im Überfluss zu kaufen, die zur Blütezeit schön aussehen. Auch wenn man sich manchmal in eine Pflanze verguckt, sollte man mehr über ihre Ansprüche wissen, bevor man Geld für sie ausgibt. Wählen Sie gezielt etwas, das im Garten gut gedeiht und seinen Wert unter Beweis stellt. Man unterscheidet bei krautigen Pflanzen je nach ihrer Lebensdauer drei Hauptgruppen: Ein-, Zwei- und Mehrjährige.

Mehrjährige

Sie leben länger als zwei Jahre, und viele können sehr alt werden. Zu ihnen zählen dauerhaft verholzte Sträucher und Bäume. Sträucher wachsen mehrstämmig, während Bäume in der Regel einen einzigen Stamm haben. Gehölze können immergrün sein oder ihr Laub im Herbst abwerfen.

Stauden sind krautige Pflanzen, die im Frühjahr ihre frischen, neuen Triebe aus dem Boden schieben. Sie blühen in der Folgezeit, sterben oberirdisch im Herbst und Winter ab und treiben im nächsten Frühjahr wieder neu aus. Ziergräser sind ein- oder mehrjährig.

Links Diese sommerliche Kombination enthält folgende Stauden: Sterndolde (*Astrantia*), Storchschnabel (*Geranium*) und die tiefrote Brennende Liebe (*Silene chalcedonica*).

Kletterpflanzen wachsen mit langen Trieben in die Höhe. Sie können ein-, zwei- oder mehrjährig sein, krautig oder verholzt.

Zwiebelblumen sind mehrjährige Pflanzen, die jedes Jahr absterben und ihre Reserven unterirdisch speichern, um nach Ende der Ruhezeit wieder wachsen zu können. Mit »Zwiebel« bezeichnet man oft viele Arten von unterirdischen Speicherorganen, etwa auch Knollen und Rhizome. Sie alle entstehen aus umgewandelten Pflanzenteilen: Eine Zwiebel (z.B. die einer Narzisse) besteht aus Schichten von verdickten Speicherblättern, ein Rhizom (z.B. das einer Schwertlilie) ist eine unterirdische Sprossachse, eine Knolle (z.B. die des Krokus) ist ein rundlich verdickter, unterirdischer Spross oder wie bei der Dahlie eine verdickte Wurzel. Wenn ich von »Zwiebelblumen« spreche, meine ich alle diese Pflanzen.

Ein- und Zweijährige

Einjährige Pflanzen vollenden ihren ganzen Lebenszyklus von der Keimung bis zur Bildung von Samen innerhalb einer Vegetationsperiode und sterben danach ab. Ihre Samen keimen in der folgenden Vegetationsperiode und beginnen den Zyklus erneut.

Zweijährige Pflanzen bilden im ersten Jahr Blätter aus und blühen normalerweise im folgenden Jahr. Je nach Wachstumsbedingungen können sie auch älter werden.

ÜBERLEGT KAUFEN

Es gibt zwar viele Möglichkeiten, Pflanzen kostenlos zu bekommen, insbesondere durch Vermehrung (siehe S. 110–159), aber manchmal muss man Pflanzen kaufen. Zum Beispiel, wenn Sie neu anfangen, wenn Sie sich eine bestimmte Sorte wünschen oder schnell den Platz füllen wollen. Denken Sie darüber nach, was Sie für Ihr Geld bekommen, und hüten Sie sich vor Spontankäufen. Mit etwas Planung legen Sie Ihr Geld sinnvoll an.

Gewöhnlich kommen ein- und zweijährige Pflanzen günstiger, vor allem, wenn sie aus Samen oder kleinen Stecklingen gezogen werden. Mehrjährige Pflanzen kosten dagegen mehr. In Wahrheit ist die Sache viel komplizierter. Kauft man blühende ein- oder zweijährige Sommerblumen, ist das kostspielig und man bekommt fast sofort eine Blütenpracht, doch diese Pflanzen sterben bald ab. Mehrjährige Gewächse, vor allem Gehölze, bedeuten zwar eine größere Investition, aber sie bilden das Gerüst des Gartens. Sie treiben jedes Jahr neu aus, und das machte sie insgesamt preiswerter, langlebiger und pflegeleichter.

Geld sparen

Im Laufe der Jahre habe ich unter anderem gelernt, dass die meisten Pflanzen bei geeigneten Bedingungen schneller wachsen, als man denkt. Das bedeutet, dass es sich oft lohnt, sie als Setzlinge zu kaufen. Bäume kann man als Jungpflanzen kaufen, denn sie werden bald zur Größe eines kostspieligen, hochgewachsenen Baums aufschließen. Viele mehrjährige Pflanzen wie Rosen, Pfingstrosen und Bäume sind als wurzelnackte Pflanzen erhältlich (siehe S. 83), die billiger sind als Pflanzen im Topf, aber genauso gut anwachsen.

Falls Ihnen eine Pflanze besonders gut gefällt, erkundigen Sie sich, wie man sie vermehrt. Kostenlos erhalten Sie die Pflanze, wenn Sie ein Exemplar aus dem Garten eines Freundes oder Nachbarn bekommen. Wenn nicht, können Sie eine Pflanze kaufen und daraus viele weitere ziehen.

Es lohnt sich, das ganze Jahr über regelmäßig Gartencenter zu besuchen, nicht unbedingt, um zu kaufen, sondern um zu sehen, was gerade Saison hat und blüht. Machen Sie sich Notizen und überlegen Sie, ob die Pflanzen in Ihren Garten passen und dort Platz haben. Greifen Sie zu, wenn es Pflanzen Ihrer Wunschliste als Sonderangebot gibt. Die Abteilung mit reduzierten Artikeln ist immer einen Blick wert, besonders aber im Herbst (siehe S. 177). Selbst erbärmlich aussehende Pflanzen strahlen in neuer Pracht, wenn man sie päppelt.

Anyas Insider-Tipp

Einen Hinweis auf den Wert einer Pflanze gibt der Award of Garden Merit (AGM): Das Zeichen mit dem Pokal steht auf Etiketten und in Pflanzenbeschreibungen. Diese Auszeichnung vergibt die Royal Horticultural Society auf der Grundlage von Kulturversuchen. Die Auszeichnung bürgt für wuchskräftige, robuste Pflanzen und gibt Ihnen die Gewissheit, dass Sie Ihr Geld gut angelegt haben.

Einige Pflanzen mit hohem Mehrwert, im Uhrzeigersinn von oben links: Perückenstrauch (*Cotinus coggygria* 'Royal Purple'), aus halbreifen Stecklingen leicht zu ziehen. *Dahlia* 'Night Silence' kann man einfach aus Grundstecklingen oder durch Teilung vermehren. Schnittlauch lässt sich mühelos teilen. Die ausladende blaulaubige Funkie (*H. sieboldiana* var. *elegans*) hatte ich als Winzling gekauft, und jetzt kann der große Horst geteilt werden.

BÄUME UND STRÄUCHER

Gehölze bilden das Gerüst des Gartens und verleihen ihm während des ganzen Jahres Struktur und Spannung. Sie gehen in die Vertikale, und viele blühen schön und tragen Früchte. Bäume und Sträucher bilden Gruppen oder Hecken oder sind Solitärgehölze. Wenn Sie überlegt kaufen und pflanzen, haben Sie jahrelang Freude an ihnen.

Vor einer großen, langfristigen Anschaffung wie einem Baum oder Strauch sollten Sie sich gut informieren. Das betrifft auch die Anschaffungskosten, aber in erster Linie den Standort im Garten.

Bäume aussuchen

Bäume gibt es für jeden Garten, sei er groß oder klein, doch die Auswahl kann eine Herausforderung bedeuten. Bedenken Sie die Endgröße. Im Nu kann ein hübscher kleiner Baum den halben Garten einnehmen.

Berücksichtigen Sie neben der Wuchshöhe auch andere Eigenschaften wie die Beschaffenheit der Rinde, die Wuchsform, ob der Baum immergrün ist sowie Blütenfarbe und Blütezeit. Bedenken Sie den Schattenwurf (Magnolien z.B. blühen im Frühjahr prächtig, haben aber große Blätter, während Birken eine lichte Krone besitzen). Bäume mit Früchten sind nicht nur schön anzusehen, sondern locken Vögel an, die Schnecken im Garten fressen.

Ein größerer Garten eröffnet mehr Möglichkeiten. Sie können Obstbäume oder eine Gehölzgruppe pflanzen. Es gibt aber viele herrliche Bäume für wenig Platz, etwa Zierkirschen (wie die manchmal im Winter blühende *Prunus × subhirtella* 'Autumnalis Rosea'), Feld-Ahorn (*Acer campestre*) oder den Kanadischen Judasbaum (*Cercis canadensis*).

Links Eine rotlaubige Korkenzieherhasel (*Corylus avellana* 'Red Majestic') hebt sich vor dem blühenden Perückenstrauch (*Cotinus coggygria* 'Young Lady') ab.

Sträucher auswählen

Sträucher brauchen wenig Pflege, erzielen aber große Wirkung. Einer meiner Favoriten ist der Japanische Schneeball (*Viburnum plicatum* fo. *tomentosum* ‚Mariesii‘) mit herrlichen weißen Blütenständen im Mai. Die meisten Sträucher kann man leicht über Stecklinge (siehe S. 114–135) oder Ableger (S. 144–147) vermehren, sodass Sie schnell zu neuen Pflanzen kommen.

Der Zeitpunkt des Einkaufs

Viele Gehölze kann man als wurzelnackte Ware in der winterlichen Ruhezeit kaufen. Sie sind deutlich günstiger als Pflanzen in Töpfen. Hadern Sie nicht mit der kleinen Größe. Die Pflanzen brauchen zum Anwachsen etwas länger, aber nach einigen Jahren nimmt ihr Wachstum Fahrt auf. Heckenpflanzen kauft man am besten wurzelnackt, im Spätwinter ist der Preis oft reduziert.

Pflanzen im Topf erhält man während des ganzen Jahres. Sie sollten an der Spitze gesund wachsen und ein gut entwickeltes Wurzelsystem aufweisen. Ich habe schon trostlos aussehende Exemplare günstig erstanden, die sich bei guter Pflege prächtig entwickelt haben.

Anyas Insider-Tipp

Besuchen Sie vor einem Kauf möglichst viele Gärten in der Nähe, um zu sehen, welche Bäume und Sträucher in Ihrer Gegend gedeihen. Bei diesen langlebigen Gewächsen ist es besonders wichtig, die richtige Pflanze an den geeigneten Ort zu setzen (siehe S. 118). Sie sparen dadurch Zeit bei der Pflege.

Gehölze pflegen

Wurzelnackte Bäume und Sträucher pflanzt man zwischen Herbst und Frühjahr, aber nicht an frostigen Tagen und nicht in nasse Böden. Man setzt sie nach dem Kauf so schnell wie möglich. Verzögert sich die Pflanzung, setzen Sie die Pflanzen in einen mit Erde gefüllten Eimer, den Sie für einige Tage an einem schattigen, frostfreien Ort aufstellen. In Töpfen angezogene Bäume oder Sträucher können Sie das ganze Jahr über pflanzen, jedoch nicht bei Hitze oder Frost. Wenn Sie die Pflanzen längere Zeit nicht in den Boden setzen können, sollten Sie sie in ein größeres Gefäß umtopfen, damit sie genügend Platz haben.

Prüfen Sie das Gehölz vor dem Pflanzen und entfernen Sie alle eingetrockneten oder beschädigten Triebe und Wurzeln. Heben Sie ein Pflanzloch aus und setzen Sie zum Überprüfen der Tiefe die Pflanze hinein. Die Pflanze wird genauso tief eingesetzt, wie sie zuvor gestanden hatte. Das Pflanzloch muss groß genug sein, damit sich die Wurzeln ausbreiten können. Füllen Sie nach und nach Erde ein, die Sie immer wieder leicht antreten.

Sichern Sie die Bäume mit einem Pfahl, damit sie gut einwurzeln und bei starkem Wind nicht kippen. Befestigen Sie den Baum locker mit einem dicken Baumbinder am Pfahl, um die Rinde nicht zu beschädigen. Kontrollieren Sie diese Befestigung regelmäßig und lockern sie, wenn der Baumstamm an Dicke zunimmt.

Im Anschluss an die Pflanzung muss ein neuer Baum oder Strauch gut eingeschlämmt werden. Kontrollieren und gießen Sie in den ersten 12 Monaten regelmäßig, besonders bei Trockenheit, denn der Boden darf nie völlig austrocknen. Bringen Sie im Frühjahr eine Mulchschicht (siehe S. 69) auf, um Unkraut zu unterdrücken. Entfernen Sie obendrein alles, was sich um den Baum herum entwickeln will.

Wenn Sie Fragen zur Pflanzung oder Pflege haben, schlagen Sie in Fachbüchern oder den Internetauftritten der Lehr- und Versuchsanstalten nach. Ein Schnitt bekommt manchen eingewachsenen Bäumen und Sträuchern sehr gut, während man andere besser unangetastet lässt. In der Fachliteratur findet man Angaben zum Schnitt und zum richtigen Zeitpunkt.

Einen Baum verpflanzen

Ein falsch platzierter Baum oder Strauch kann mit Bedacht versetzt werden, sofern er noch nicht zu groß ist zum Anheben. Sie müssen die Wurzeln (je nach Größe der Pflanze) bis zu 50 cm vom Stamm entfernt abstechen und die Pflanze etwa sechs Monate lang so stehen lassen. Wenn Sie die Pflanze während der Ruhezeit ausgraben, kappen Sie die aus dem Ballen herauswachsenden Wurzeln und transportieren Sie das Gehölz mit einer Schubkarre an den neuen Platz. Gießen Sie fürs Einwurzeln etwa ein Jahr lang bei Trockenheit.

Rechts Prüfen Sie bei einem verpflanzten Baum im Frühjahr, ob er austreibt und somit den Umzug gut überstanden hat.

STAUDEN

Stauden bekommen dem Geldbeutel am besten. Sie kosten wenig und erzielen enorme Wirkung. Die meisten überdauern viele Jahre lang, und obendrein wachsen etliche von ihnen sowohl ausgepflanzt im Garten als auch in Pflanzgefäßen aller Art.

Stauden bieten eine unglaubliche und etwas verwirrende Bandbreite. Manche mögen Schatten (wie die Lenzrosen), andere Sonne (wie Lavendel). Einige Stauden überdauern jahrzehntelang, andere überleben nur ein paar Jahre. An der richtigen Stelle und bei den passenden Wachstumsbedingungen gedeihen sie am besten. Sie wachsen schnell und lassen sich leicht vermehren.

Stauden auswählen

Beschränken Sie sich bei der Auswahl auf einige Kriterien. Innerhalb welches Zeitraums (und wie lange) sieht die Pflanze gut aus? Soll sie zu einer bestimmten Zeit besonders schön aussehen? Brauchen Sie eine Pflanze als Sichtschutz an einem Zaun, wollen Sie einen Schattenspender oder suchen Sie ein Gewächs für sehr trockene oder saure Böden oder für einen Topf? Dadurch engt sich die Auswahl ein.

Welche Größe soll die Pflanze obendrein für den verfügbaren Platz haben? Überlegen Sie anhand der zu erwartenden Endgröße, ob die Pflanze genug Platz findet. Achten Sie schließlich auf Auszeichnungen (siehe S. 80). Prämierte Sorten garantieren ein gutes Preis-Leistungs-Verhältnis.

Links Im Spätsommer und Herbst blühen die Dahlie 'Ken's Rarity' und die Herbstaster (*Symphyotrichum novi-belgii* 'White Ladies') anhaltend bis zum ersten Frost.

Vielleicht streben Sie ein schönes Topfarrangement an? Mit seinen ebenmäßigen Rosetten aus sukkulenten Blättern in vielen Farben eignet sich die Hauswurz (*Sempervivum*) perfekt für Pflanzgefäße im Freien. Schmucklilien (*Agapanthus*) gedeihen gut in engen Pflanzgefäßen. Man muss sie nur alle fünf bis sieben Jahre umtopfen.

Gräser werden zu Unrecht oft missachtet. An der richtigen Stelle gepflanzt, sorgen sie für Struktur und Bewegung. Wenn sich das Sonnenlicht in ihnen fängt, sehen sie geradezu magisch aus. Gräser lassen sich wunderbar mit anderen Pflanzen kombinieren und viele gedeihen in Töpfen. Ich liebe das Lessing-Federgras (*Stipa lessingiana*). Ich kultiviere es einzeln in Töpfen, aber es sieht auch in Kombination mit anderen Stauden wie Prachtkerzen (*Gaura*), Feinstrahl (*Erigeron karvinskianus*) oder Dahlien fantastisch aus.

Stauden pflegen

Für mich sind Pflanzen wie Familienmitglieder und ich kümmere mich entsprechend um sie. Manche brauchen nicht viel Aufmerksamkeit, aber den meisten mehrjährigen Pflanzen bekommt etwas Zuwendung gut. Pflanzen Sie neue Stauden nur in unkrautfreien Boden und bringen Sie zuvor reichlich gut abgelagerten Mist ein.

Die Pflanzen sehen besser aus, wenn Sie düngen, gießen, mulchen, sie zurückschneiden und bei Bedarf stützen (siehe S. 48–49). Das Düngen sorgt in aller Regel dafür, dass die Pflanzen den ganzen Sommer über gut gedeihen. Einige Arten und Sorten, wie Lavendel, bevorzugen allerdings nährstoffarme Böden, sie müssen nicht zusätzlich gedüngt werden.

Ganz allgemein können Sie für eher nährstoffbedürftige Pflanzen im zeitigen Frühjahr einen Langzeitdünger wie Hornmehl oder Schafwollpellets unter die Erde mischen. Die meisten Pflanzen profitieren während der aktiven Wachstumsphase von zusätzlichen Kalium- oder Stickstoffgaben. Aus Brennnesseln oder Beinwell können Sie einen natürlichen Dünger selber herstellen (siehe Seite 70–71).

Es ist Ihre Entscheidung, ob Sie die Stauden frühestens ab Oktober zurückschneiden, nachdem sie abgestorben sind, oder erst, bevor sie im Frühjahr neu austreiben. Ein Rückschnitt der Stauden im Spätwinter vor Anfang März ist allerdings für die Tierwelt besser, denn dann bieten sie vielen Tieren im Winter Unterschlupf und Nahrung. Die Tiere werden sich revanchieren, indem sie im Garten die Schädlinge beseitigen – eine Win-win-Situation, die keine Kosten verursacht.

Es lohnt sich auch, den jeweiligen Pflegebedarf zu überdenken. Lavendel zum Beispiel braucht einen gezielten Rückschnitt, um gesund zu bleiben: Der Schopf-Lavendel (*Lavandula stoechas*) muss ausgeputzt, im Sommer nach der Blüte leicht zurückgeschnitten und im April erneut gestutzt werden. Andere Lavendelarten verlangen zu unterschiedlichen Zeiten einen Rückschnitt.

Die meisten Stauden entwickeln sich besser, wenn man sie nach einigen Jahren teilt (siehe S. 136–141). Durch das Herausnehmen und Teilen verjüngen Sie nicht nur Ihre Stauden, sondern Sie erhalten neue Pflanzen.

Wieder empfehle ich Ihnen, sich im Internet über Schnitt, Düngung und all die weiteren Pflegemaßnahmen zu informieren, die Ihre Pflanzen gedeihen lassen, um jede Art passend zu behandeln. Manchmal kann es völlig richtig sein, alles seinen Gang gehen zu lassen.

Stauden ganz umsonst

Das Schöne an Stauden ist, dass man sie leicht vermehren kann. Wenn Sie ganz neu anfangen, erhalten Sie vielleicht Samen, Stecklinge und kleine Pflanzen von Freunden. Sobald Sie ein paar Stauden haben, können Sie daraus viele weitere Abkömmlinge ziehen. Viele Stauden, wie Königskerzen, Feinstrahl, Glockenblumen und andere, säen sich bereitwillig selbst aus. Das spart nicht nur Geld, sondern auch Zeit. Jedes Jahr lasse ich meine ausgewachsenen Lenzrosen (*Helleborus*) Tochterpflanzen bilden und setze sie an beliebigen anderen Stellen im Garten ein (siehe S. 17).

Viele Pflanzen sehen einfach besser aus, wenn sie in Gruppen, als Hecke oder sogar in Massen gepflanzt werden. Günstiger kommt es, wenn man mit Stecklingen arbeitet (siehe S. 114–135). Die beiden Hortensien *Hydrangea arborescens* 'Annabelle' (siehe S. 90–91) und *H. paniculata* 'Limelight' gehören zu meinen Favoriten. Sie sehen auch als Einzelpflanze wunderbar aus, doch als Hecke erzielen sie einen Wow-Effekt! Die Vermehrung von Hortensien über Stecklinge gelingt so leicht, dass Sie innerhalb von zwei oder drei Jahren Hunderte von genetisch identischen Pflanzen haben. Ich habe bereits erwähnt, dass man Stauden durch Teilung gesund erhält. Auf diese Weise gelangt man aber auch an unzählige neue Pflanzen, die sofort in den Garten kommen können. Im Gegensatz zu Stecklingen oder Samen erhalten Sie bei der Teilung sofort ein Resultat.

Stauden, im Uhrzeigersinn von oben links: *Euphorbia characias* subsp. *wulfenii* präsentiert sich im zeitigen Frühling wunderbar in voller Sonne. Diese Wolfsmilch sät sich selbst aus. Auch Akeleien säen sich selbst aus. Sie blühen in der Sonne und im Halbschatten. Frauenmantel (*Alchemilla mollis*) ist eine klassische Bauerngarten-pflanze, sehr einfach in der Kultur, zu vermehren aus Samen oder durch Teilung. Die Sterndolde (*Astrantia major*) ist leicht zu teilen.

Nächste Seiten Blühende Hecke *Hydrangea arborescens* 'Annabelle'.

EIN- UND ZWEIJÄHRIGE

Die Kultur ein- und zweijähriger Pflanzen kann viel Geld sparen, da man sie alle aus Samen heranziehen kann, was grundsätzlich die Kosten niedrig hält. Weiterhin sparen können Sie, indem Sie im Garten eigenes Saatgut sammeln.

Ein- und zweijährige Pflanzen wachsen schnell heran. Sie bereichern den Garten wenige Monate nach der Aussaat um Farbe und Textur. Mit ihnen kann man ein neues Beet oder einen neuen Garten bestücken, solange sich die mehrjährigen Pflanzen noch entwickeln. Deshalb sind sie ideal für Mieter, die nicht wissen, wie lange sie in ihrem Garten bleiben werden, die aber Farbe und Abwechslung haben wollen. Nahezu alle eignen sich auch hervorragend für Pflanzgefäße, die man zur besten Zeit an einen prominenten Platz stellt. Wenn Ihnen eine Sorte gefällt, können Sie davon Samen abnehmen (siehe S. 148–151) oder für eine Neuaussaat Samen kaufen.

Einjährige Pflanzen haben so viel zu bieten. Viele von ihnen sind mit ihrer großen Vielfalt an Blüten in allen Formen und Größen jeden Sommer ein fester Bestandteil des Gartens. Die Jungfer im Grünen (*Nigella damascena*) mag ich besonders. Ihr zartes Laub und ihre Blüten beleben die Wegränder, und die Blüten eignen sich frisch oder getrocknet für Gestecke. Verpflanzen verträgt sie nicht, deshalb wird sie nie in Töpfen verkauft. Kosmeen blühen reich, vom Frühsommer bis zum ersten Frost. In der Vase halten die Blüten lange. Kosmeen sind wertvolle Insektenfutterpflanzen.

Zweijährige säen sich oft selbst aus. Während sie blühen, wachsen somit die Sämlinge des Vorjahres heran, die im nächsten Sommer für Farbe sorgen werden. Meine liebsten zweijährigen Pflanzen sind der Fingerhut (*Digitalis*) und das Einjährige Silberblatt (*Lunaria annua*). Sie bilden jede Menge Samen zum Absammeln und säen sich auch selbst aus. Mehr darüber, wie man selbst ausgesamte Sämlinge identifiziert und verpflanzt, siehe S. 94–95.

Ein- und Zweijährige aussäen

Wenn Sie zur rechten Zeit aussäen, folgen Sie dem Rhythmus der Natur und brauchen keine Zimmergewächshäuser. Auf der Packung steht immer, wann die Aussaat erfolgen soll. Viele Sämlinge reagieren empfindlich auf Frost. Wenn Sie daher in den kälteren Monaten aussäen, sollten Sie Ihre wertvollen Jungpflanzen schützen, bis die Frostgefahr vorbei ist.

Näheres zur Aussaat siehe S. 152–157. Es mag verlockend sein, mehr auszusäen, als Sie brauchen, aber bedenken Sie, was Sie im Garten verwenden können. Überlegen Sie, wie viele Pflanzen Sie kaufen würden, und stocken Sie ein wenig auf. Haben Sie am Ende zu viele Pflanzen, können Sie einige an Familie und Freunde abgeben.

Links Die hohe, weiß blühende Königskerze *Verbascum chaixii* 'Wedding Candles' bildet einen Kontrast zur Brennenden Liebe (*Silene*).

Anyas Insider-Tipp

Säen Sie die Jungfer im Grünen (*Nigella damascena*) im Mai und im Juni mit vier Wochen Abstand aus, damit die Pflanzen länger blühen.

Pinzieren

Wenn Sie Ihre Ein- und Zweijährigen aus Samen heranziehen, müssen Sie die Sämlinge in der Anfangszeit gut pflegen. Von Natur aus stecken sie ihre Energie in die Entwicklung langer Triebe. Das führt zu »langbeinigen« Pflanzen, die leicht umkippen und weniger Blüten entwickeln. Kompakter bleiben die Pflanzen durch Pinzieren. Dabei wird die Triebspitze ausgezwickt. Dies regt die Pflanzen zur Bildung von Seitentrieben entlang des Haupttriebs an. Dadurch wird die ganze Pflanze buschiger und bildet mehr Blüten. Meistens pinziere ich die Sämlinge, sobald sie zwei Paar echter Blätter entwickelt haben. Das sind die Blätter, die wie die Blätter der erwachsenen Pflanze aussehen, anders als die einfachen Keimblätter, die aus dem Samen kommen. Nach dem Pinzieren setze ich die Sämlinge in jeweils einen eigenen Topf (siehe S. 154–157).

Zu den Ein- und Zweijährigen, die man pinzieren sollte, zählen Petunien, Kosmeen, Duft-Wicken (*Lathyrus odoratus*), Löwenmäulchen (*Antirrhinum*), Studentenblumen (*Tagetes*) und Ringelblumen (*Calendula*), Fleißige Lieschen (*Impatiens*) und Wachsblume (*Cerinthe major*). Pinzieren Sie keine Sonnenblumen (*Helianthus annuus*).

Spontan aufgegangene Sämlinge

Wenn Sie selbst aufgegangene Sämlinge nutzen wollen, müssen Sie sie von Unkrautsämlingen unterscheiden können, sonst ziehen Sie sie aus Versehen heraus. Manche sehen aus wie Miniaturausgaben der Mutterpflanze, während sich andere während der Wachstumszeit verändern. Fingerhüte zum Beispiel haben anfangs runde Blätter, die später länglich werden. Wenn Sie sich unsicher sind, können Sie Bilder der verschiedenen Entwicklungsstadien von Pflanzen nachschlagen, und Sie werden bald Erfahrung bei der Suche gewinnen.

Stehen spontan aufgegangene Sämlinge am geeigneten Ort, können sie dort bleiben. Wenn nicht, können Sie sie behutsam an einen besser geeigneten Platz im Garten umsetzen. Für viele Sämlinge in Rabatten ist ein Umsiedeln günstig, weil sie dann nicht von schnell wachsenden älteren Pflanzen überschattet werden. Setzen Sie sie in ein feuchtes Anzuchtbeet.

Viele Sämlinge lassen sich leicht verpflanzen, wie die von Fingerhut (*Digitalis*), Brennender Liebe (*Silene chalcedonica*) und Königskerzen (*Verbascum*). Anderen behagt das Umsetzen gar nicht, wie Einjährigem Silberblatt (*Lunaria annua*) und einjährigem Mohn. Sie müssen sie stehen lassen, wo sie aufgegangen sind.

Ausputzen

Die meisten Ein- und Zweijährigen sprechen gut auf das Ausputzen an – das Entfernen welker Blüten. Nach dem Verblühen setzt die Samenbildung ein, die viel Energie kostet. Wenn Sie Verblühtes entfernen, indem Sie es auszwicken oder abschneiden, entwickeln sich mehr Blüten, die uns erfreuen und bestäubenden Insekten Nektar und Pollen bieten. Regelmäßiges Ausputzen sorgt dafür, dass die Energie in das Wachstum und in mehr Blüten fließt. Wenn Sie aber Samen abnehmen wollen (siehe S. 148–151), müssen Sie ab Spätsommer das Ausputzen einstellen, damit die Samen ausreifen können.

Ein- und Zweijährige aus Ansaat, im Uhrzeigersinn von oben links: Spontan aufgegangene Fingerhut-Sämlinge (*Digitalis*) kann man stehen lassen oder umsetzen. Brennende Liebe (*Silene chalcedonica*) samt großzügig aus. Jungfer im Grünen (*Nigellla damascena*) braucht man nicht ausputzen, weil die Balgfrüchte hübsch aussehen. Kälteempfindliche Kosmeen (*Cosmos*) muss man im Haus vorkultivieren.

KLETTERPFLANZEN

Berücksichtigen Sie unbedingt die vertikalen Flächen. Kletterpflanzen können als Sichtschutz und zur Wahrung der Privatsphäre dienen. Hochgezogen an freistehenden Rankhilfen, verleihen sie Beeten und Kübeln ein in die Höhe strebendes Element. Sie brauchen nicht viel Platz und bereichern mit Blüten, Duft, Herbstfarben, Früchten und Texturen.

Viele Kletterpflanzen halten sich mit Ranken fest oder schlingen sich in die Höhe und brauchen deshalb eine Rankhilfe. Efeu dagegen bildet Haftwurzeln zum Anheften an Wände. Kletterpflanzen können Sträucher, Stauden oder Einjährige sein. Einige sind immergrün, während andere ihr Laub abwerfen.

Eine Kletterpflanze auswählen

Schauen Sie zuerst, was zum Standort und zur anstehenden Erde passt (den Boden für eine ausdauernde Kletterpflanze können Sie verbessern, siehe S. 66–69). Engen Sie die Suche auf die gewünschte Farbe und die Dichte ein. Ein immergrüner Bewuchs schirmt ab und kaschiert unansehnliche Oberflächen. Weniger massive Kletterpflanzen, wie z.B. einige Clematis oder einjährige Pflanzen, eignen sich vielleicht besser für eine freistehende Stütze oder ein Pflanzgefäß. Beachten Sie auch die Wuchskraft, sonst müssen Sie ständig zurückschneiden. Wisterien wachsen so stark, dass sie Rohre und Dachrinnen verbiegen und dadurch verstopfen können. Aber kräftige Kletterpflanzen, darunter einige Rosen, können einen alten Baum oder eine hohe Gartenmauer schön überwachsen.

Kletterpflanzen brauchen in der Regel eine Rankhilfe in Form von gespannten Drähten oder einem freistehenden Gerüst. Selbstklimmer brauchen zu Beginn Stützstöcke oder ein kleines Gitter. So etwas können Sie kostengünstig selbst herstellen (siehe S. 48–49, 166–169). Bei vielen Kletterpflanzen gelingt die Vermehrung leicht. Erkundigen Sie sich, bevor Sie Geld ausgeben, ob Freunde oder Nachbarn die gewünschte Pflanze haben. Triebe von Kletterhortensie oder Wisterie lassen sich ganz leicht absenken (siehe S. 144–147).

Einjährige Kletterpflanzen bieten sich an, wenn Sie bald Farbe haben wollen (während mehrjährige Kletterpflanzen heranwachsen), wenn Sie zur Miete wohnen oder bald umziehen. Einjährige blühen noch im Jahr der Aussaat. Ich empfehle Duft-Wicken (*Lathyrus odoratus*), Prunkwinden (*Ipomoea*), Glockenrebe (*Cobaea scandens*) und Schwarzäugige Susanne (*Thunbergia alata* 'African Sunset').

Als dauerhafter Bewuchs in voller Sonne eignen sich Wisterien, Kletterrosen, Echter Jasmin (*Jasminum officinale*) und Clematis. Für lichten Schatten kommen Kletterhortensie (*Hydrangea petiolaris*), Spalthortensie (*Schizophragma hydrangeoides*), einige Efeu-Sorten (*Hedera*), *Clematis* 'Jackmanii' oder die Kletterrosen 'Madame Alfred Carrière' und 'New Dawn' infrage. Im vollen Schatten schmückt das Laub von Efeu.

Rechts Die grazile Prunkwinde *Ipomoea* 'Star of Yelta' vor der Ziegelwand braucht eine Rankhilfe.

BLUMENZWIEBELN

Blumenzwiebeln beleben jeden Garten und sorgen für wunderschöne Farbtupfer. Es gibt Zwiebeln und Knollen für jeden Stil und Geschmack, vom Bauern- bis zum Designergarten, und für eine Blüte vom Spätwinter bis zum Herbst. Außerdem brauchen sie kaum Pflege. Wenn ich von Blumenzwiebeln spreche, meine ich auch Blumen aus anderen Speicherorganen, wie aus Knollen und Rhizomen (siehe S. 79).

Blumenzwiebeln sind unglaublich vielseitig. Einige gedeihen sowohl verwildert im Gras als auch in der Rabatte, und die meisten eignen sich für die Kultur in Töpfen. Deshalb kann man sie selbst im kleinsten Garten oder sogar auf dem Balkon oder der Fensterbank ziehen. Im Allgemeinen wollen sie einen sonnigen oder zumindest hellen Platz, doch manche, wie z.B. Schneeglöckchen, vertragen auch leichten Schatten.

Die Auswahl

Am besten ist Ihr Geld angelegt, wenn die Blumenzwiebeln viele Jahre lang blühen. Frühjahrsblüher wie Narzissen, Schneeglöckchen und Krokusse oder Zierlauch und Lilien im Sommer blühen jedes Jahr reich und zuverlässig. Viele Tulpen jedoch blühen nur ein einziges Mal und ihre Zwiebeln sind nicht billig. Zu den ausdauernden Tulpen zählen 'Groenland', 'Spring Green', 'Artist', Shirley', 'Negrita' und 'Apeldoorn'. Weil sie verwildern, sollten Sie solche Sorten wählen, wenn Sie Tulpen lieben (siehe auch S. 178–179). Informieren Sie sich auf der Packung, welchen Typ von Tulpe Sie gekauft haben.

Links Diese Narzisse mit wollweißen, gefüllten Blüten (*Narcissus* 'White Lion') verwildert problemlos im Gras.

Am günstigsten sind die Zwiebeln und Knollen im Herbst. Wenn Sie größere Mengen kaufen, können Sie sparen. Einige Arten sind im Frühjahr als Blumenzwiebeln im Topf erhältlich. Diese kosten zwar in der Regel mehr, aber gegen Ende der Verkaufssaison erhält man sie zu reduzierten Preisen. Sie treiben im nächsten Jahr erneut aus.

Planen Sie vor dem Kauf eine Abfolge von Blütezeiten. Damit erreichen Sie eine monatelange Blühabfolge. Eines der besten Geschenke, die ich je bekommen habe, waren Tausende Narzissenzwiebeln von meiner Schwiegermutter. Sie wollte, dass ich monatelang frische Blumen habe, und wir wählten gemeinsam die Sorten aus, wobei wir auf eine gestaffelte Blüte achteten. Es kam eine lebhafte Bepflanzung unter den Bäumen heraus und die unzähligen Narzissen sind im Frühling wunderbar. Sie erscheinen in einem großen Teil unseres Gartens und machen ihn pflegeleicht.

Die unzähligen Zierlauchsorten schmücken den Garten im Sommer. Von den kostspieligeren Sorten können Sie zuerst eine kleine Gruppe setzen, die Sie nach und nach vergrößern. *Allium hollandicum* 'Purple Sensation' ist günstiger. Man kann große Mengen zwischen Stauden und Ziergräser in Rabatten oder in die Blumenwiese stecken, wo ihre Blätter kaschiert werden, während sie einziehen.

Anyas Insider-Tipp

Erstellen Sie eine Liste der gewünschten Zwiebelblumen. Schauen Sie jedes Jahr, ob Sie im Spätwinter Zwiebeln und Knollen zum reduzierten Preis bekommen. Nach und nach bestücken Sie so den Garten mit Blumenzwiebeln zu einem Bruchteil des Preises. Viele Zwiebelblumen, vor allem Tulpen, können Sie noch im Winter pflanzen. Das bedeutet, dass Sie sie auch pflanzen können, wenn Sie sie spät gekauft und deshalb weniger Geld für sie ausgegeben haben.

Blumenzwiebeln pflanzen

Als Faustregel setzt man Blumenzwiebeln dreimal so tief, wie die Zwiebel hoch ist – aber informieren Sie sich über die speziellen Anforderungen der einzelnen Arten. Narzissen, Krokusse, Schneeglöckchen und andere im Frühjahr blühende Arten müssen im Herbst gepflanzt werden. Tulpen setzt man später im Herbst oder sogar im frühen Winter. Kälteempfindliche Sommerzwiebeln wie Gladiolen pflanzt man im Frühjahr, im Herbst blühende Nerinen zwischen Frühjahr und Sommer. Haben Sie keine Sorge, wenn Sie ein wenig spät dran sind. Weil es im Leben nicht immer glatt läuft, habe ich schon Ende Februar Narzissen gepflanzt, nachdem es im Herbst nicht geklappt hatte. Ich will nicht behaupten, dies sei optimal, doch meine Erfahrung zeigt, wie wenig einem Blumenzwiebeln übel nehmen – jene, die ich im Februar gepflanzt hatte, entwickelten sich sehr gut. Schneeglöckchen und Traubenhyazinthen sehen auch in Töpfen sehr schön aus. Darin blühen sie zu einer Zeit, in der es im Garten noch wenig Farbe gibt. Auf dem Gartentisch kommen sie jedes Jahr zur Geltung. Man kann diese Gewächse leicht teilen (siehe S. 140–141).

Zwiebelblumen pflegen

Einmal gepflanzt, brauchen die meisten Blumenzwiebeln kaum mehr Zuwendung, daher ergänzen sie jeden Garten wunderbar. Manchmal graben Mäuse oder Eichhörnchen die Zwiebeln in den Töpfen aus. Wenn das zum Problem wird, decken Sie die Töpfe mit Hühnerdraht ab, bis die Zwiebeln austreiben.

Nach der Blüte müssen die Zwiebeln unbedingt Reserven für das nächste Jahr einlagern. Das Laub bildet Speicherstoffe und leitet sie in die Zwiebel als Speicherorgan. Es muss daher auf natürliche Weise absterben. Stellen Sie sich vor, dass das Laub den Akku auflädt, und gewähren Sie den Zwiebeln nach der Blüte die Ladezeit. Blumenzwiebeln, die in Töpfen standen, können Sie zum Einziehen in gewachsene Erde setzen, weil sie dort mehr Nährstoffe erhalten als im Topf.

Die kälteempfindlichen Knollengewächse unter den Sommerblühern, wie z.B. Dahlien, müssen im Herbst aufgenommen und den Winter über gelagert werden. Man pflanzt sie im nächsten Frühjahr wieder aus. Bewahren Sie die Dahlienknollen an einem trockenen, dunklen Ort, eingebettet in Erde, auf. Andere ausgegrabene Blumenzwiebeln lassen Sie trocknen. Sie müssen bis zur Pflanzzeit im Dunkeln ruhen (möglichst in einer beschrifteten Papiertüte). Mäuse lieben die nahrhaften Blumenzwiebeln, deshalb sollten Sie sie lieber nicht im Freien aufbewahren.

Rechts Traubenhyazinthen wirken im Frühjahr im Topf fröhlich. Links steht *Muscari aucheri* 'Ocean Magic', im Topf rechts blüht *Muscari* 'Baby's Breath'.

EIN PAAR LIEBLINGE

Diese Favoriten aus meinem Garten bieten viel für wenig Geld, sie sind schön, vielseitig und widerstandsfähig. Die Auswahl berücksichtigt verschiedene Standorte und Verwendungszwecke. Ich wünsche Ihnen viel Spaß beim Ausprobieren einiger dieser Pflanzen in Ihrem Garten.

KÖNIGSKERZE

Verbascum chaixii

'Wedding Candles'

Diese Staude bildet während des ganzen Sommers bis zu einen Meter hohe Blütenstände. Sie sät sich gemäßigt selbst aus und bringt in einem Jahr Hunderte neuer Pflanzen hervor. Bestäubende Insekten lieben sie und ihre Kultur ist einfach und lohnend.

HERBSTASTER

Symphyotrichum

Diese Stauden bieten Bestäubern im Spätsommer und Herbst wertvolle Nahrung, wenn andere Nahrungsquellen versiegen. Mit ihren fröhlichen Korbblumen in Rosa-, Blau- und Lilatönen oder in Weiß lassen sie sich gut mit anderen Stauden wie Dahlien kombinieren. Sie variieren in Höhe und Dichte – von zarten Schleiern bis hin zu soliden, markanten Büschen. Die Vermehrung geschieht über Grünstecklinge (siehe S. 122–125) und durch Teilung (siehe S. 137–139).

GARBE

Achillea

Auch die große Gruppe der Garben oder Schafgarben lässt sich sehr leicht aus Samen ziehen. Diese Stauden blühen bereits im ersten Jahr. Die ornamentalen, flachen Blütenstände gibt es in verschiedenen Farben, von Gelb und Orange bis Rosa und Weiß. Meine Favoriten sind 'Pearl', 'Love Parade' und alle Pastelltöne. Je nach Sorte erreichen sie eine Höhe von etwa 1 m. Bestäuber mögen die Blumen, die sich ausgezeichnet für den Vasenschnitt eignen. Sie können Samen abnehmen und noch mehr aussäen (siehe S. 148–155).

PHLOX

Phlox paniculata

Diese stark duftende Staude gibt es in vielen Farbnuancen von Rosa, Violett, Weiß und Orange. Sie wird je nach Sorte bis zu 1,5 m hoch (doch manche Sorten sind deutlich kleiner). Phlox blüht im Hoch- bis Spätsommer wunderschön. Vermehren kann man ihn leicht durch Teilung im Frühjahr oder Herbst (siehe S. 137–139), über Kopf- oder Basalstecklinge im Frühling (siehe S. 122–125), halbreife Stecklinge im Spätsommer (siehe S. 126–129) und sogar über Wurzelstecklinge im Herbst und Winter (siehe S. 133).

PORZELLANBLÜMCHEN

Saxifraga × urbium

Diese immergrüne Staude ergibt einen wunderbaren Bodendecker. In Vielzahl im vorderen Bereich eines sonnigen Beets gepflanzt, wirkt sie fantastisch. Mit ihren duftigen rosaweißen Blütenständen, die im Sommer über den Blättern erscheinen, erreicht sie eine Höhe von etwa 30 cm. Sie lässt sich sehr leicht vermehren, indem man die Rosetten nach der Blüte im späten Frühjahr bis zum Hochsommer abtrennt und bewurzeln lässt (siehe S. 138–139).

SCHOPF-SALBEI

Salvia viridis

Die Attraktivität dieser einjährigen Pflanze machen die bunten Hochblätter aus. Die Stängel eignen sich hervorragend für den Vasenschnitt, doch ich setze die Pflanzen auch als Füller in meine Rabatten. Die Anzucht aus Samen gelingt bei der schnell (bis etwa 30 cm hoch) wachsenden Art leicht. Ich finde es prima, dass diese Pflanze sich selbst aussät und mir kostenlos Setzlinge schenkt, ohne dass ich Anzuchtgefäße brauche. Die Sämlinge nimmt man im zeitigen Frühjahr auf und setzt sie an einen bevorzugt sonnigen Platz – doch die Pflanze wächst auf verschiedenen Böden.

STROHBLUME

Xerochrysum bracteatum

Ich mag Strohblumen, weil man sie sowohl frisch als auch als Trockenblumen verwenden kann. Ich ziehe sie nicht nur im Schnittblumenbeet, sondern fülle mit ihnen auch die Lücken in den Rabatten. Diese einjährigen Pflanzen lassen sich leicht aus Samen ziehen (siehe S. 152–155). Man kann sie auch über ausgezwickte Triebspitzen vermehren (siehe S. 122–125) und erhält dadurch mehr Pflanzen, die etwas später blühen und gegen Sommerende weitere Blumen liefern.

PERÜCKENSTRAUCH

Cotinus coggygria

Den Perückenstrauch schätze ich, weil er über lange Zeit die Aufmerksamkeit auf sich zieht. Ab dem Frühjahr trägt er dunkelrote Blätter, die im Herbst herrliche Farbtöne annehmen. Auf die sommerlichen fedrigen Blütenstände aus winzigen Blüten spielt der deutsche Name an. Es gibt viele Sorten in verschiedenen Farben und Größen. Der Strauch kann bis zu 6 m hoch und breit werden. Die Vermehrung gelingt leicht über Absenker (siehe S. 147).

ZIERLAUCH

Allium hollandicum
'Purple Sensation'

Das ist eine meiner liebsten Zwiebelblumen für das Frühjahr. Der auffällige Zierlauch hat runde, rotviolette Blütenköpfe mit sternförmigen Einzelblüten, die einige Wochen lang halten und sich hervorragend als Schnittblumen eignen – und gut zum Trocknen. Diese Sorte kommt günstiger als viele andere. Sie wird bis 90 cm hoch und die Blütenstände sind wunderschön, wenn sie in großer Zahl auf einer Wiese oder in einem Beet wachsen. Vor das einziehende Laub sollten Sie andere Pflanzen setzen, die es verdecken.

VERGISSMEINNICHT

Myosotis

Vergissmeinnicht blühen im Frühjahr mehrere Wochen lang. Sie eignen sich ausgezeichnet für Pflanzgefäße oder als Partner zu Tulpen. Ihnen haftet zwar der Ruf an, etwas zu wuchern, doch ich betrachte diese Einjährige als nützliche Ergänzung für sparsame Gärtner, denn man kann ihre Sämlinge in Töpfe pflanzen und spart das Geld für kostspielige Beetpflanzen. Ein Übermaß an Sämlingen kann man einfach herausziehen, verschenken oder auf den Komposthaufen geben.

SCHAUMBLÜTE

Tiarella 'Spring Symphony'

Diese kleine, hübsche Staude habe ich erst in den letzten Jahren entdeckt. Ich ziehe sie ebenso gern in Pflanzgefäßen wie im Garten. Sie stellt eine hübsche Ergänzung für einen schattigen Platz dar. Die Blätter sind entlang der Blattadern braunrot gefärbt. Im Frühjahr erscheinen anmutige zartrosa Blütenstände, die bis zu 30 cm hoch werden. Man kann die Pflanzen im Frühjahr teilen (siehe S. 138–139).

NACHTVIOLE

Hesperis matronalis

Die Nachtviole gehört zu meinen Lieblingspflanzen unter den Zweijährigen und erweist sich bisweilen als kurzlebige Staude. Die duftenden weißen oder rotvioletten Blüten in großen Büscheln erscheinen vom späten Frühjahr bis zum Frühsommer. Die Blütenstände können 90 cm hoch werden. Die Aussaat gelingt leicht. Man sät entweder im zeitigen Frühjahr in Schalen (siehe S. 152–155) oder im Hochsommer direkt an Ort und Stelle (siehe S. 156–157). Reife Samen kann man für eine spätere Aussaat abnehmen (siehe S. 148–151).

Kapitel 5

KOSTENLOSE PFLANZEN

Bei der Anzucht von Pflanzen nutzt man natürliche Vermehrungswege, und es ist ein faszinierender und lohnender Vorgang. Jede und jeder kann auf diese Weise traumhafte Gärten gestalten – zu einem Bruchteil der Kosten für gekaufte Pflanzen.

WAS BEDEUTET VERMEHRUNG?

Wenn Sie Pflanzen selbst vermehren, können Sie Geld sparen, denn Sie erhalten mit sehr geringem Aufwand eine Vielzahl an Exemplaren. Nur eine Handvoll Samen oder ein paar Stecklinge können ein ganzes Beet bestücken. Wenn Sie erst einmal ein paar überraschend einfache Techniken beherrschen, können Sie mit einfachen Mitteln viel erreichen.

Zunächst mag es kompliziert erscheinen, aber beim Vermehren handelt es sich um völlig normale, natürliche Vorgänge.

Von der Natur lernen

Pflanzen vermehren sich sehr unterschiedlich: Viele bilden Samen, die vom Wind, von Tieren oder im Wasser verbreitet werden. Am neuen Standort keimen sie und entwickeln sich zu neuen Pflanzen. Bei anderen Pflanzenarten bewurzeln abgebrochene Triebstücke im Boden. Horste werden geteilt, z.B. von einem grabenden Tier oder vom Wasser, das Erde wegreißt. Mit noch ausreichend intakten Wurzeln kann jedes Stück zu einer neuen Pflanze heranwachsen. So breiten Pflanzen sich aus.

Im Gartenbau ahmt man diese natürlichen Vermehrungsmethoden bei der Aussaat, dem Stecklingsschnitt oder dem Teilen nach. Es ist faszinierend, Pflanzen von Anbeginn an zu ziehen, und es lohnt sich. Jeder kann so zu einem Traumgarten kommen, und das wesentlich günstiger, als wenn man die Pflanzen kauft.

Links Manche Pflanzen sehen in der Masse besser aus, aber es kommt teuer, wenn man sie alle kaufen muss. Durch Vermehrung gewinnen Sie Hunderte Exemplare.

Kosten sparen

Auf jeden Fall ist es viel billiger, Pflanzen zu vermehren, als sie zu kaufen, und oft ist es sogar kostenlos. Vielleicht wächst die gewünschte Pflanze bei Freunden, Familienmitgliedern, Nachbarn oder in einem Gemeinschaftsgarten.

Besonders sinnvoll ist die Vermehrung, wenn Sie viele Exemplare derselben Pflanze im Garten haben wollen. Viele Stauden, wie Sonnenhut (*Rudbeckia*), Purpursonnenhut (*Echi-nacea*), Purpurglöckchen (*Heuchera*) und Herbstastern (*Symphyotrichum novi-belgii*), wirken in der Gruppe am besten. Eine Reihe desselben Gehölzes sieht als Hecke schön aus, etwa aus Favoriten des Landhausgartens wie Lavendel, Hortensien oder Rosen. Genau wie viele Einjährige sich selbst aussäen, streut man selbst abgenommene Samen aus der Hand auf die Beete oder in Töpfe. Das sieht schön aus und füllt schnell die Lücken. Man muss keine zusätzlichen Pflanzen kaufen.

Mit ein paar Kenntnissen zur Vermehrung versorgen Sie sich selbst und können mit anderen Hobbygärtnern tauschen. Es kann regelrecht süchtig machen, immer weitere Möglichkeiten der Vermehrung von Pflanzen aus dem eigenen Bestand zu erkennen und anderswo Stecklinge oder Samen aufzutun.

TECHNIKEN UND TERMINE

Man versteht die Methoden der Pflanzenvermehrung besser, wenn man weiß, wie und wann sich die Pflanzen in der Natur ausbreiten. Wenn Sie ein paar einfache Richtlinien befolgen und günstige Voraussetzungen schaffen, steigt die Aussicht auf Erfolg. Haben Sie Mut zum Ausprobieren! Auf diesem Weg entstanden einige der herausragendsten Gärten.

Vier wesentliche Methoden dienen zur Pflanzenvermehrung: Stecklingsschnitt, Teilung, Absenker und Aussaat. Wie Sie vorgehen, hängt von der Pflanze, der Jahreszeit, Ihren Vorlieben oder der vorhandenen Ausstattung ab. Oft stehen mehrere Möglichkeiten zur Verfügung. Wenn Sie im Frühjahr vergessen haben, Samen auszusäen, können Sie im Sommer Stecklinge abnehmen.

Vermehrungstechniken

Stauden und Gehölze lassen sich leicht über Stecklinge vermehren (siehe S. 114–135). Man entnimmt ein Pflanzenteil (etwa ein Triebstück, ein Wurzel- oder ein Blattstück), steckt es in feuchtes Substrat oder stellt es in Wasser, bis sich Wurzeln bilden. Große Horste von Stauden kann man teilen (siehe S. 136–141) und die Teilstücke an anderer Stelle einpflanzen. Sie können sie sofort in den Garten setzen, denn sie wachsen zügig an.

Manche Pflanzen bilden von Natur aus am Ende von Trieben winzige neue Pflanzen (Kindel), die noch an der Mutterpflanze hängen (siehe S. 144–147). Diese bewurzeln, wenn man sie in die Erde absenkt. Ein Pflänzchen, das bereits Wurzeln hat, brauchen Sie bloß abtrennen und eintopfen, sodass es weiterwachsen kann. Blumenzwiebeln bilden von Natur aus Tochterpflanzen am Zwiebelboden und vermehren sich auf diese Weise fast von selbst (siehe S. 140–141). Die vielleicht spannendste Art der Vermehrung ist schließlich die Aussaat – vor allem, wenn man die Samen selbst gesammelt hat (siehe S. 148–157).

Jede Vermehrungsmethode hat ihre Vor- und Nachteile. So führt die Aussaat von Samen meist zu mehr neuen Pflanzen in kürzerer Zeit, kann aber relativ pflegeintensiv sein, was die Bewässerung, die Belichtung und das Pikieren angeht. Stecklinge, Teilstücke und Absenker benötigen oft weniger Zuwendung, die Mutterpflanzen müssen jedoch gesund und krankheitsfrei sein. Man erhält Klonpflanzen, die genetisch mit der Mutterpflanze identisch sind, während Samen von ihren Eltern abweichen.

Der richtige Zeitpunkt

Die besten Erfolgsaussichten haben Sie, wenn Sie geeignete Pflanzen zum richtigen Zeitpunkt vermehren. Im Folgenden nenne ich Pflanzen zu jeder Vermehrungsmethode. Sie erfahren auch, wann man Stecklinge nimmt, wie lange die Keimung oder das Bewurzeln dauern und wann man Stauden am besten teilt.

Verschiedene Vermehrungsmethoden, im Uhrzeigersinn von oben links: Entnahme eines Kopfstecklings bei einer Pelargonie. Teilung eines Storchschnabels (*Geranium*) durch einen Schnitt. Abnahme von Samen bei einer Prachtkerze (*Gaura lindheimeri*). Absenker einer Wisterie im Topf.

STECKLINGE

Mit Stecklingen können Sie innerhalb weniger Monate auf einfache, zuverlässige und wirtschaftliche Weise Hunderte von neuen Pflanzen gewinnen. Die verschiedenen Techniken variieren je nach Pflanze und Jahreszeit, sodass Sie während des ganzen Jahres eine Vielzahl von Pflanzen vermehren können.

Die Vermehrung von Pflanzen aus Stecklingen ist unglaublich einfach. Kleine Pflanzenstücke sollen bewurzeln, austreiben, Blätter bilden und sich schließlich zu blühenden Pflanzen entwickeln.

Arten von Stecklingen

Wie und wann man Stecklinge schneidet, hängt entscheidend vom Entwicklungsstand der Triebe ab. Weichholzstecklinge (siehe S. 122–125) gewinnt man im Frühjahr oder Frühsommer von jungen Trieben. Halbreife (teilverholzte) Stecklinge (siehe S. 126–129) entnimmt man später im Jahr, in der Regel im Hoch- bis Spätsommer und Frühherbst. Stecklinge von voll ausgereiften Trieben (siehe S. 130–135) schneidet man im Spätherbst und Winter. Von den meisten Pflanzen kann man nahezu jederzeit während der Vegetationsperiode Stecklinge entnehmen. Laubabwerfende Gehölze vermehrt man am besten in der Ruhezeit. Genauere Hinweise finden Sie in den einzelnen Schritt-für-Schritt-Anleitungen zu den Stecklingsarten.

Gute Stecklinge gewinnen

Stecklinge ergeben exakte Kopien der Mutterpflanze und müssen daher unbedingt von gesunden Pflanzen stammen. Dann haben die Stecklinge auch eine bessere Überlebenschance. Wählen Sie immer die kräftigsten unter den Neuaustrieben aus. Nicht blühende Triebe eignen sich am besten, da die Energiereserven noch nicht in die Blütenbildung geflossen sind.

Entnehmen Sie Stecklinge unmittelbar vor dem Stecken, am besten morgens und nicht zur Mitte eines heißen Tages, damit sie nicht austrocknen. Schneiden Sie die doppelte Anzahl an benötigten Stecklingen, weil nie alle bewurzeln. Die Menge der Stecklinge hängt von der Pflanze und von der Stecklingsart ab. Achten Sie in den Anleitungen darauf, wie und wo Sie schneiden müssen – zum Beispiel unterhalb eines Knotens (wo das Blatt am Trieb ansetzt) bei einem weichen Grünsteckling. Es ist wichtig, den Teil der Pflanze abzuschneiden, in dem sich wachstumsfähiges Gewebe befindet, ansonsten wird der Steckling misslingen.

Stecklinge aufbewahren

Natürlich sollte man entnommene Stecklinge so schnell wie möglich pflanzen, was aber nicht immer möglich ist. Wenn es Verzögerungen gibt, entfernen Sie die unteren Blätter und geben Sie den Steckling in ein halb mit Wasser gefülltes Gefäß. Stellen Sie es an einen kühlen, schattigen Ort.

Links *Pelargonium* 'Pink Capitatum' wächst gut aus Grünstecklingen.

Für einen Transport (zum Beispiel wenn Sie ein Stück Pflanze aus einem fremden Garten haben) können Sie die Stecklinge kurzzeitig in einer Kunststoffdose aufbewahren, die mit frischem, kaltem Wasser ausgespült wurde, damit sie feucht ist. Lagern Sie den Behälter bis zur Verarbeitung an einem kühlen und schattigen Ort.

Bewahren Sie Stecklinge von Pflanzen, die Feuchtigkeit auf ihren Blättern schlecht vertragen, wie Lavendel, Rosmarin, Salbei und Rosen, nicht an einem feuchten Ort auf und decken Sie sie nicht ab.

Das Vermehrungssubstrat

Damit sie überleben, brauchen Stecklinge während der Bewurzelungsphase die bestmöglichen Bedingungen und gute Pflege. In den meisten Fällen gibt man die Stecklinge in einen mit Substrat gefüllten Topf. Längere Steckhölzer von Gehölzen wie Rosen oder Hortensien können Sie auch direkt in eine Rinne im Gartenboden pflanzen. In jedem Fall ist es wichtig, das Pflanzsubstrat gut vorzubereiten, um die Bewurzelung zu fördern.

Wenn Sie die Stecklinge in einem Gefäß bewurzeln lassen wollen, füllen Sie den Topf mit Vermehrungserde oder mit einer Mischung aus 80 Prozent torffreier Universalerde und 20 Prozent Grobsand oder Feinsplitt, damit das Wasser gut abfließen kann.

Falls Sie Stecklinge direkt in den Gartenboden setzen wollen, wählen Sie einen Bereich, an dem die Stecklinge ungestört wachsen können. Wählen Sie eine helle, unkrautfreie Stelle mit gut durchlässigem Boden und möglichst abseits direkter Sonneneinstrahlung. Öffnen Sie eine Rinne zum Einsetzen der Stecklinge (siehe S. 130–131). Beachten Sie dabei die speziellen Anweisungen. Gießen Sie danach das Substrat oder die Erde vorsichtig an.

Bewurzelungshilfen

Die Vermehrung kann allein mit den von Natur aus in den Pflanzen vorhandenen Wachstumshormonen (Auxinen) gelingen. Manche Gärtner wollen die Abläufe beschleunigen und die Erfolgsaussichten erhöhen, indem sie die Stecklinge in Bewurzelungspulver mit Auxin eintauchen. Dies bedeutet allerdings zusätzliche Kosten, die man mit dem erzielten Nutzen abwägen sollte. Meiner Meinung nach übernimmt die Natur ihre Aufgabe, wenn die Stecklinge zum richtigen Zeitpunkt gewonnen und unter den richtigen Bedingungen gehalten werden, und sie macht es ganz umsonst.

Stecklinge bewurzeln lassen

Stecklinge winterharter Pflanzen können im Allgemeinen im Freien überwintern, vorausgesetzt sie befinden sich an einem geschützten Ort mit viel Licht, aber ohne direkte Sonneneinstrahlung. Am besten platziert man sie an einer Hauswand oder neben einem Schuppen, wo ein etwas milderes Klima herrscht. Leichte Fröste schaden den Stecklingen nicht, aber in Gebieten, wo die Temperaturen auf –20 °C oder tiefer fallen, brauchen die Pflanzen einen Schutz in Form einer Abdeckung. Man kann sie auch im Gewächshaus, auf der Fensterbank oder am Schuppenfenster halten.

Kontrollieren Sie regelmäßig. Die Stecklinge dürfen nicht austrocknen, aber auch nicht nass stehen, denn bei zu viel Feuchtigkeit faulen sie. Die Wurzelbildung erkennen Sie daran, dass aus den Löchern am Topfboden Wurzeln austreten und neue, kräftige Triebe erscheinen. Neues Wachstum ist oft vor den Wurzeln zu beobachten. Das ist ein gutes Zeichen, aber die Pflänzchen sollten in Ruhe gelassen werden, bis die Wurzeln wirklich sichtbar sind.

Eine Auswahl neuer Pflanzen, im Uhrzeigersinn von oben links: Ein bewurzelter Grünsteckling einer Hortensie. Die bewurzelten Strauchveronika-Stecklinge bekommen jeweils einen eigenen Topf. Sämlinge der Prachtkerze (*Gaura lindheimeri*). Eine bewurzelte Rose erhält zur Weiterkultur für die nächsten Monate einen eigenen Topf.

Umpflanzen in eigene Töpfe

Sobald die Stecklinge bewurzelt sind, brauchen sie mehr Platz zum Wachsen. Setzen Sie sie einzeln in größere Pflanzgefäße um, die mit nährstoffreicherem Substrat (torffreier Universalerde) gefüllt sind. Bei wiederholtem Umtopfen nehmen Sie mit zunehmendem Wachstum schrittweise immer größere Töpfe. Ich lasse gewöhnlich junge Pflanzen für etwa 6–12 Monate in den Töpfen, bevor ich sie an ihren endgültigen Standort im Garten auspflanze. Dann kann man nämlich die Lichtverhältnisse und das Substrat besser beeinflussen und andere, ältere Pflanzen bieten keine Konkurrenz.

Gießen und Düngen

Die Jungpflanzen müssen Sie gießen, damit sie nicht austrocknen. Aber gießen Sie nicht zu viel, damit das empfindliche Wurzelsystem nicht vernässt. Kontrollieren Sie die Feuchtigkeit im Substrat, indem Sie einen Finger ein Stück weit hineinstecken. Halten Sie das Substrat immer leicht feucht. Frisch bewurzelte Stecklinge brauchen keinen Dünger, aber wenn bei den jungen Pflanzen etwa drei oder vier Wochen nach dem Stecken das Wachstum einsetzt, benötigen sie oft zusätzliche Nährstoffgaben. Zwischen Frühjahr und Herbst dünge ich die Pflanzen alle 10–14 Tage mit einem ausgeglichenen Flüssigdünger oder mit meinem selbst bereiteten Brennnesseldünger (siehe Seite 70–71). Übertreiben Sie es mit der Düngung auf keinen Fall, denn eine zu üppige Nährstoffversorgung kann die Wurzeln der jungen Pflanzen schädigen.

Auspflanzen und Pinzieren

Bei nicht zuverlässig winterharten Gewächsen sollten Sie mit dem Auspflanzen auf mildes Wetter warten. Obwohl sich Pflanzen oft als ungeahnt zäh erweisen, kann für sie ein zu krasser Temperaturunterschied einen großen Schock bedeuten. Etwa wenn sie von einem sehr warmen Ort wie einem Gewächshaus (vor allem einem beheizten) direkt in einen sehr kalten Boden kommen. Damit sich die Jungpflanzen vor dem Ins-Freie-Setzen allmählich an ihre neue Umgebung gewöhnen können, empfiehlt sich das Abhärten. Man stellt dafür die Töpfe an eine Hauswand (wo die Temperaturen immer höher sind als im offenen Garten) oder in einen geschützten Bereich des Gartens.

Behalten Sie die jungen Pflanzen stets im Auge und zwicken Sie die Triebspitzen aus, sobald welche erscheinen (siehe S. 94). Dies regt die Bildung von Seitentrieben an und setzt die Verdunstung herab, während sich neue Wurzeln entwickeln. Das Wachstumshormon (Auxin) wird dann in den unteren Teil des Stecklings umgeleitet, was die Wurzelentwicklung fördert.

Links Die jungen Pflanzen stehen in Schalen im Schutze meines Hauses, damit ich sie leicht wässern kann. Im Winter nehme ich die Schalen weg, damit die Töpfe nicht vernässen, aber die Pflanzen profitieren weiterhin von den leicht erhöhten Temperaturen am Gebäude.
Nächste Doppelseite Lavendelschwaden (*Lavandula × intermedia* 'Grosso') und die Ramblerrose 'Crimson Shower' prägen meinen Garten. Ich habe sie alle aus Stecklingen gezogen.

Grünstecklinge

Grünstecklinge oder weiche Stecklinge bewurzeln von allen Triebstecklingen am leichtesten. Man gewinnt sie üblicherweise im Frühjahr oder zu Beginn des Sommers, kurz nach dem Blattaustrieb, in einer Phase intensiven Wachstums. Die weichen und biegsamen Triebstücke bewurzeln in der Regel relativ schnell. Je nach Pflanze dauert dies zwischen zwei und acht Wochen.

Grünstecklinge entnimmt man meist aus dem oberen Teil eines Triebs (wie hier gezeigt). Man kann Kopfstecklinge von der Triebspitze oder auch (bei leicht bewurzelnden Stauden) Teilstecklinge vom Trieb verwenden. Meist schneidet man unterhalb eines Knotens, denn dort liegen Wachstumshormone in geeigneter Konzentration vor. Davon gibt es jedoch Ausnahmen, wie z.B. sommergrüne Clematis-Sorten: Man schneidet die Stecklinge etwa 5 cm unterhalb eines Knotens.

Ich zeige hier, wie man einen Grünsteckling von Lavendel – einer meiner Lieblingspflanzen – zieht. Mit der gleichen Technik lassen sich die meisten Stauden und laubabwerfende Sträucher sowie einige Baumarten, Kletterpflanzen und einjährige Pflanzen vermehren (siehe Pflanzenliste, S. 125).

Sie brauchen:
Garten-, Reb- oder Küchenschere
Sauberen Topf
Geeignetes Substrat
Gießkanne

1. Wählen Sie einen kräftigen, gesunden, nicht blühenden diesjährigen Trieb. Schneiden Sie mit einem sauberen, scharfen Messer oder einer Gartenschere knapp unterhalb eines Knotens. Schneiden Sie ein etwa 5–10 cm langes Stück ab.

2. Entfernen Sie das Laub, bis auf ein oder zwei Blattpaare an der Spitze. Große Blätter werden halbiert, um die Verdunstung zu verringern. Füllen Sie Vermehrungssubstrat in einen Topf oder verwenden Sie eine Mischung aus 80 Prozent torffreier Universalblumenerde und 20 Prozent Grobsand oder Feinsplitt. Stecken Sie die Stecklinge im Topf verteilt im Abstand von 2,5–5 cm zu etwa zwei Dritteln ihrer Länge ein (dickere Triebe brauchen mehr Platz).

3. Gießen Sie an. Stellen Sie den Topf mit den Stecklingen zum Bewurzeln an einen geschützten, hellen Ort ohne direkte Sonneneinstrahlung. Gießen Sie regelmäßig.

4. Sobald die Stecklinge ein kräftiges Wurzelsystem entwickelt haben und gut wachsen, topfen Sie sie in eigene Töpfe um.

1.

2.

3.

4.

Eine Auswahl von Pflanzen für Grünstecklinge, im Uhrzeigersinn von oben links: *Salvia*-Arten lassen sich leicht über Grünstecklinge vermehren. Ein Steckling von Strauchveronika hat im Wasserglas Wurzeln gebildet. Grünstecklinge in ihren Töpfen. Basissteckling einer Lupine.

Geeignet für Grünstecklinge

Basilikum (*Ocimum basilicum*)
Bartfaden (*Penstemon*)
Dahlie (*Dahlia*)*
Duftwicke (*Lathyrus odoratus*)
Gilbweiderich (*Lysimachia*)
Herbstaster (*Symphyotrichum*)
Hortensie (*Hydrangea*)
Kosmee (*Cosmos*)
Lavendel (*Lavandula*)
Lupine (*Lupinus*)
Männertreu (*Lobelia*)
Phlox
Prachtkerze (*Gaura lindheimeri*)
Salbei (*Salvia*)
Strauchveronika (*Hebe*)
* *Basalstecklinge*

Anyas Insider-Tipps

- Grünstecklinge trocknen leicht aus. Gießen Sie daher regelmäßig, damit die Erde stets feucht bleibt.
- Falls die Stecklinge welken, sprühen Sie sie mit Wasser ein und decken Sie sie mit einer Plastiktüte oder einer Haube ab. Es gibt jedoch Ausnahmen: Lavendel, Salbei, Rosmarin und Rosen sollten niemals abgedeckt oder mit Wasser besprüht werden.
- Wenn das Saatgut von schnell wachsenden einjährigen Pflanzen, wie z. B. Duftwicken (*Lathyrus odoratus*) oder Kosmeen, nicht gut keimt oder wenn sich die Sämlinge zu lang strecken, entnehmen Sie Grünstecklinge, die Sie in Wasser stellen. Innerhalb von ein bis zwei Wochen entwickeln sich Wurzeln.

Bewurzeln in Wasser

Die meisten Grünstecklinge bilden auch in Wasser Wurzeln (als Alternative zur Erde). Diese Technik eignet sich besonders für schnell wachsende, zu lang gewordene Sämlinge im Frühjahr. Entnehmen Sie einen Steckling wie gewohnt (wie in Schritt 1 und 2 beschrieben, S. 122–123) und stellen Sie ihn dann in ein Glasgefäß, das zur Hälfte mit sauberem Wasser gefüllt ist, sodass etwa das untere Drittel des Stecklings bedeckt ist. Stellen Sie das Glas an einen hellen, aber nicht besonnten Ort. Falls das Wasser trüb wird, kippen Sie es einfach aus, waschen Sie das Gefäß aus und füllen Sie frisches Wasser ein. Wenn sich nach etwa zwei bis acht Wochen gesunde Wurzeln gebildet haben, setzen Sie die Jungpflanzen in eigene Töpfe um (siehe S. 155).

Basalstecklinge

Stauden mit hohlen Stängeln, wie Rittersporn, Lupinen, Chrysanthemen und Dahlien, lassen sich besser vermehren, wenn man im zeitigen Frühjahr grundständige Stecklinge vom Neuaustrieb entnimmt. Wählen Sie kräftige, 7–10 cm lange Triebe aus, deren Blätter sich gerade entfalten. Schneiden Sie die Triebe so nah wie möglich an der Basis ab und fahren Sie fort wie bei anderen Grünstecklingen.

Schneiden Sie bei den Dahlien, die zu meinen Lieblingen gehören, mit einem scharfen Messer einen mindestens 10 cm langen Neuaustrieb mit einem anhängenden Rhizomstück. Streifen Sie die unteren Blätter ab und stecken Sie die Stecklinge zu zwei Drittel ihrer Länge in einen Topf mit Substrat. Gießen Sie und halten Sie die Stecklinge bei 16 °C. Wurzeln erscheinen nach zwei oder drei Wochen. Topfen Sie ein und pflanzen Sie aus, sobald die Spätfrostgefahr vorüber ist. Bei Dahlien können Sie auch einfach Knollen teilen.

Halbreife Stecklinge

Der beste Zeitraum für halbreife Stecklinge ist von Hochsommer bis zum frühen Herbst. Die Triebe sind dann noch grün und weich, aber an der Basis bereits verholzt. Mit dieser Methode können Sie eine Vielzahl von Pflanzen vermehren, darunter Stauden, Kletterpflanzen, Bäume und Sträucher – gerade auch Immergrüne.

Halbreife Stecklinge bewurzeln in der Regel innerhalb von etwa drei Monaten, wenn man sie im Sommer entnimmt, bei einem Schnitt im Herbst dauert es bis zu sechs Monate. Das ist länger als bei Grünstecklingen, aber halbreife Stecklinge sind meist robuster. Die Stecklinge von holzigen Pflanzen bewurzeln besser, wenn Sie ein Stück der Rinde entfernen. Dadurch werden Wachstumshormone, die sogenannten Auxine, angeregt, die »Wunde« zu heilen und danach Wurzeln zu bilden.

Die Bilder zeigen die Gewinnung halbreifer Stecklinge bei der Hortensie *Hydrangea arborescens* 'Annabelle'. Die meisten Hortensien lassen sich auf diese Weise leicht vermehren, nur nicht die Kletter-Hortensie (*H. petiolaris*), die man über Absenker vermehrt (siehe S. 144–147), und auch nicht *H. quercifolia*, die man aus Samen zieht (siehe S. 148–157). In der Liste rechts finden Sie weitere Pflanzen, für die sich diese Art der Vermehrung eignet.

Sie brauchen:

Gartenschere
Scharfes Messer
Sauberen Topf
Geeignetes Substrat
Gießkanne

1. Wählen Sie einen kräftigen, nicht blühenden diesjährigen Trieb, die Spitze soll weich, die Basis leicht verholzt sein. Schneiden Sie mit einer Gartenschere oder einem scharfen Messer knapp unter einem Knoten.

2. Stutzen Sie den Steckling knapp oberhalb eines Blattknotens an der Spitze. Entfernen Sie die Blätter im unteren Stängeldrittel. Große Blätter kürzen Sie etwa auf ein Drittel der Fläche ein. Die endgültige Länge des Stecklings sollte etwa 10–15 cm betragen.

3. Füllen Sie Vermehrungssubstrat in einen Topf (oder Sie mischen vier Teile Universalerde mit einem Teil Grobsand). Stecken Sie die Stecklinge entlang des Topfrands etwa zwei Drittel ihrer Länge und mit mindestens 2,5 cm Abstand ein. Gießen Sie und stellen Sie den Topf an einen hellen, geschützten Ort ohne direkte Sonne oder in ein Frühbeet.

4. Die bewurzelten Stecklinge pflanzen Sie einzeln in Töpfe. Pinzieren Sie, damit sich Seitentriebe bilden (siehe S. 94).

Geeignet für halbreife Stecklinge

Blauraute (*Perovskia atriplicifolia*)
Forsythie (*Forsythia*)
Lavendel (*Lavandula*)
Nelken (*Dianthus*)
Nemesie (*Nemesia*)
Rosmarin (*Salvia rosmarinus*)
Säckelblume (*Ceanothus*)
Salbei (*Salvia*)
Schmetterlingsstrauch (*Buddleja*)
Sternjasmin (*Trachelospermum jasminoides*)
Strauchveronika (*Hebe*)

1.

2.

3.

4.

1.

2.

3.

4.

Steckling mit Zunge

Diese Methode ist sehr zuverlässig, da die »Zunge« oder »Platte« (ein kleines Stück Rinde vom Trieb) reichlich teilungsfähiges Kambiumgewebe besitzt. Man geht so bei Stauden und Sträuchern vor, die normalerweise nicht leicht bewurzeln. Stecklinge mit Platte kann man von weichen, halbreifen oder verholzten Trieben abnehmen. Wie es geht, zeige ich hier bei der Prachtkerze (*Gaura lindheimeri*).

Sie brauchen:

Scharfes Messer
Sauberen Topf
Geeignetes Substrat
Gießkanne

1. Wählen Sie eine Pflanze, die kräftig mit vielen Neuaustrieben wächst.

2. Wählen Sie einen gesunden, kräftigen, nicht blühenden diesjährigen Trieb. Schneiden Sie mit einem sauberen, scharfen Messer einen etwa 5–10 cm langen Trieb ab. (Wenn es geht, können Sie ihn auch abreißen.) Schneiden oder ziehen Sie ein kleines Stück Rinde am Grund mit ab.

3. Entfernen Sie alle Blätter im unteren Drittel des Stecklings. Große Blätter kürzen Sie auf etwa ein Drittel ihrer Fläche ein. Bei halbreifen oder verholzten Stecklingen schaben Sie die Rinde mit einem scharfen Messer vorsichtig ab.

4. Füllen Sie Vermehrungssubstrat in einen Topf ein (oder Sie mischen vier Teile Universalerde mit einem Teil Grobsand). Stecken Sie die Stecklinge über die Topffläche verteilt auf etwa zwei Drittel ihrer Länge und mit einem Abstand von mindestens 2,5 cm ein. Gießen Sie und stellen Sie den Topf an einen hellen, geschützten Ort ohne direkte Sonneneinstrahlung oder in ein Frühbeet. Sobald die Stecklinge Wurzeln haben, topfen Sie jeden in einen eigenen Topf um.

Geeignet für Stecklinge mit Platte

Bartfaden (*Penstemon*)
Dahlie (*Dahlia*)
Lupine (*Lupinus*)
Prachtkerze (*Gaura lindheimeri*)
Rittersporn (*Delphinium*)

Anyas Insider-Tipps

- Halbieren Sie bei immergrünen Pflanzen mit großen Blättern das Blatt, bevor Sie die Stecklinge in die Erde stecken, um die Verdunstung möglichst gering zu halten.
- Stellen Sie halbreife Stecklinge im Herbst und Winter zum Schutz vor Kälte oder Staunässe in ein Gewächshaus oder in ein Frühbeet.
- Schneiden Sie halbreife Stecklinge, wenn Sie die Pflanzen am Ende des Sommers zurückschneiden. Wählen Sie die stärksten und gesündesten Triebe für die Vermehrung aus. Diese werden sich im nächsten Frühjahr zu kräftigen Jungpflanzen entwickeln.

Steckhölzer

Hierbei handelt es sich um die wesentliche Vermehrungsmethode für sommergrüne Kletterpflanzen, Sträucher und Bäume (einschließlich der Obstbäume). Sie wird während der Ruhezeit im Spätherbst und Winter durchgeführt. Die betreffenden Pflanzen können als Topfware oder sogar als wurzelnackte Exemplare teuer sein, vor allem wenn man sie in großen Mengen für Hecken kauft. Der Vermehrungszeitpunkt passt gut, weil es dann im Garten weniger zu tun gibt.

Die Wurzelbildung dauert etwa vier bis sechs Monate. Im Herbst gewonnene Steckhölzer belässt man den Winter über, sie sollten im folgenden Frühjahr kräftige, gesunde Pflanzen hervorbringen. Bei Steckhölzern müssen Sie zwei Schnitte machen: einen unterhalb eines Knotens, den anderen oberhalb einer Blattknospe. Sie können die Steckhölzer in Töpfe mit Vermehrungssubstrat stecken (siehe nächste Doppelseite). Große, robuste Steckhölzer können Sie auch direkt in eine Rinne in offenem Boden stecken, vorausgesetzt, der Bereich liegt etwas geschützt und ist hell (aber nicht der direkten Sonneneinstrahlung ausgesetzt). Eine alternative, kostengünstigere Methode für Rosen finden Sie auf S. 134–135.

Das Bewurzeln im Graben führe ich oft bei der Vermehrung meiner Lieblingsrosen durch (wie rechts *Rosa* 'Crimson Shower'). Ich nutze die Methode auch, um Rosen zu vermehren, von denen mir Freunde Steckhölzer geschenkt haben. Auf diese Weise spare ich ordentlich, denn Rosen können im Einkauf ziemlich viel Geld kosten. Das Bewurzeln im Graben eignet sich auch für Hortensien und andere Sträucher mit großen, dicken Stämmen.

Sie brauchen:
Scharfes Messer oder Gartenschere
Spaten
Grobsand oder Feinsplitt (bei Bedarf)
Gießkanne

1. Wählen Sie einen festen, gesunden diesjährigen Trieb (bei Rosen ist er etwa bleistiftdick). Führen Sie mit einem scharfen Messer oder einer Gartenschere einen geraden Schnitt knapp unterhalb eines Knotens an der Triebbasis durch. Entfernen Sie alle Seitentriebe und schneiden Sie direkt über einer Blattknospe an der Triebspitze schräg an. Das Steckholz sollte etwa 15–20 cm lang sein.

2. Entfernen Sie alle unteren Blätter, aber falls vorhanden lassen Sie ein oder zwei Blätter an der Spitze stehen. Schaben Sie mit einem scharfen Messer vorsichtig die Rinde von einer Seite am unteren Ende ab. Dies regt die Wurzelbildung an.

3. Heben Sie mit einem Spaten einen kleinen, etwa 20–30 cm tiefen Graben im Garten aus. Bei lehmigem Boden mischen Sie eine Handvoll Feinsplitt unter die Erde, um den Wasserabzug zu verbessern.

4. Stecken Sie die Steckhölzer zu etwa zwei Drittel ihrer Länge in einem Abstand von 10–15 cm ein. Buddeln Sie sie ein und gießen Sie an. Bis zum Frühjahr brauchen Sie kein Wasser mehr geben. Im folgenden Frühjahr setzen Sie die bewurzelten Pflanzen an ihren endgültigen Standort oder topfen sie einzeln in Töpfe um (siehe S. 135).

1.

2.

3.

4.

Die bewurzelten Rosensteckhölzer treiben aus. Es wird Zeit, sie in jeweils eigene Töpfe zu setzen. Die Steckhölzer wurden im Spätherbst geschnitten, das Bild zeigt den Zustand im darauffolgenden Frühjahr.

Geeignet für Steckhölzer

Deutzie (*Deutzia*)
Escallonie (*Escallonia*)
Forsythie (*Forsythia*)
Geißblatt, Liguster (*Lonicera*)
Hartriegel (*Cornus*)
Hibiskus (*Hibiscus*)
Hortensie (*Hydrangea*)*
Kamelie (*Camellia*)
Pfeifenstrauch (*Philadelphus*)
Rose (*Rosa*)*
Schneeball (*Viburnum*)
Spierstrauch (*Spiraea*)
Tamariske (*Tamarix*)
Weide (*Salix*)
Zwergmispel (*Cotoneaster*)
* *kann in einen Graben gesetzt werden*

Bewurzeln im Topf

Wenn es nur um wenige Steckhölzer geht, die Stecklinge klein sind oder der Platz für die Anzucht begrenzt ist, bietet es sich vielleicht an, Steckhölzer in Töpfen bewurzeln zu lassen. Sie können dadurch die Wachstumsumgebung besser beeinflussen. Dieses Verfahren ist praktisch, wenn Sie umziehen und wertvolle Rosen oder andere Sträucher mitnehmen wollen.

Gehen Sie nach Schritt 1 und 2 auf der vorherigen Doppelseite vor, aber schneiden Sie Steckhölzer von höchstens 5–10 cm Länge. Füllen Sie Vermehrungserde in einen Topf ein. Stecken Sie die Stecklinge zu etwa zwei Drittel ihrer Länge in einem Abstand von etwa 2,5 cm ein. Stellen Sie den Topf in einen Frühbeetkasten oder in ein unbeheiztes Gewächshaus oder überwintern Sie ihn an einem hellen, frostfreien und geschützten Platz im Freien.

Eine weitere Methode zur Bewurzelung von Rosenstecklingen im Topf finden Sie auf der nächsten Doppelseite.

Wurzelschnittlinge

Bei einigen Stauden gelingt die Vermehrung besser über Wurzelstücke. Dazu gehören Königskerzen (*Verbascum*), Mannstreu (*Eryngium*), Purpursonnenhut (*Echinacea*, im Bild oben), Mohn (*Papaver*) und Akanthus (*Acanthus*). Wurzelschnittlinge entnimmt man wie Steckhölzer während der Vegetationsruhe, im Idealfall im zeitigen Winter. Graben Sie einfach eine gesunde Mutterpflanze aus. Entfernen Sie mit einem scharfen Messer ein oder zwei kräftige Wurzeln, die Sie in kleinere, etwa 5–10 cm lange Abschnitte schneiden. Stecken Sie die Wurzelschnittlinge in einen Topf mit Anzuchterde. Im Frühjahr werden sich Wurzeln und Blätter entwickeln.

Triebstecklinge

Diese andere Form von Steckholz eignet sich besonders für Rosen. Jeder Steckling besitzt einen Knoten mit einem daran ansitzendem Blatt. Die Stecklinge sind kleiner als normale Steckhölzer, sodass Sie mehr Einzelpflanzen aus einem Triebstück ziehen können. Deshalb ist diese Methode recht effizient. Außerdem bewurzeln diese Stecklinge innerhalb viel kürzerer Zeit. Die ideale Zeit für die Stecklinge ist das frühe Frühjahr, doch erfahrungsgemäß bewurzeln sie bis zum Spätsommer.

Die Methode eignet sich für Rosen aus dem Garten, sie erweist sich aber auch als praktisch, um Rosen aus einem Blumenstrauß zu vermehren, oder wenn Sie weitere Pflanzen aus bedeutungsvollen Rosen ziehen wollen, die Sie als Geschenk zur Hochzeit oder zum Jubiläum erhalten haben.

Sie brauchen:

Gartenschere
Anzuchtschale
Torffreie Universalerde
Feinsplitt
Großer Topf

1. Schneiden Sie zum Laubaustrieb im zeitigen Frühjahr ein bleistiftdickes Triebstück einer Rose ab. Es muss einen oder mehrere Knoten aufweisen.

2. Zerteilen Sie das Triebstück in etwa 2,5 cm lange Abschnitte mit je einem Knoten in der Mitte. Schneiden Sie die Enden gerade ab.

3. Legen Sie die Stecklinge waagerecht auf einer Schale mit einer Mischung aus torffreier Universalerde und Grobsand aus. Stellen Sie sie draußen an einem geschützten Ort auf, vielleicht an einer Mauer, aber nicht in der prallen Sonne. Halten Sie die Erde feucht.

4. Wurzeln sollten sich nach etwa 6–12 Wochen bilden. Setzen Sie die Pflanzen einzeln in Töpfe mit Kübelpflanzenerde oder torffreier Universalerde um.

Anyas Insider-Tipps

- Warten Sie mit dem Steckholzschnitt bis nach der Blütezeit und meist auch bis nach dem Laubfall. Dadurch werden die Reserven dorthin gelenkt, wo sie am meisten gebraucht werden. Schneiden Sie nicht bei strengem Frost.

- Nehmen Sie immer mehr Wurzelschnittlinge ab, als Sie brauchen. Es wachsen nie alle an.

- Manchmal dauert die Entwicklung wochen- oder monatelang. Kontrollieren Sie sie daher immer wieder, jäten Sie und wehren Sie Schädlinge ab. Falls Sie verreisen, stellen Sie die Gefäße nicht in mit Wasser gefüllte Untersetzer. Verwenden Sie besser Vliesmatten, aus denen das Wasser langsam hochsteigt.

1.

2.

3.

4.

TEILUNG

Durch die Teilung erhält man ganz einfach zwei oder mehr Pflanzen zum Preis von einer. Das geht viel schneller, als Stecklinge zu schneiden oder Samen auszusäen. Es kann zwar für einige strauchartige Pflanzen funktionieren, doch am besten klappt es bei Stauden (siehe S. 138–139) und Zwiebelblumen (siehe S. 140–141).

Man gräbt dafür Horste von Pflanzen aus und schneidet sie in zwei oder mehr Teile, die man wiederum einpflanzt. Die Tochterpflanzen sind genetisch völlig identisch mit der Mutterpflanze. Die besten Zeiten für die Teilung sind normalerweise der Herbst und das Frühjahr.

Teilen für bessere Wuchskraft

Unabhängig von der Vermehrung müssen viele Stauden alle zwei bis fünf Jahre geteilt werden, damit sie wüchsig bleiben. Werden sie nicht geteilt, können sie überwuchern und die Vitalität lässt nach. Sie blühen dann vielleicht nicht mehr so üppig, sehen kraftlos und struppig aus oder verkahlen in der Mitte. Das regelmäßige Teilen verjüngt reife, verwachsene Stauden und hilft, sie gesund und kräftig zu erhalten.

Teilen und neu pflanzen

Führen Sie die Arbeit durch, wenn der Boden feucht ist. Als Alternative können Sie die Pflanze auch einige Stunden vor dem Ausgraben wässern. Graben Sie sie aus und teilen Sie sie in kleinere Stücke, so wie sich der Wurzelstock auf natürliche Weise teilen lässt. Das Zerlegen der Horste hängt von der Pflanzenart ab. Kleinere Pflanzen, die niedrig wachsende Büschel bilden, wie z.B. Schneeglöckchen (*Galanthus*), Primeln und Purpurglöckchen (*Heuchera*), lassen sich sehr leicht teilen. Aus der Erde genommene Teile kann man einfach von Hand auseinanderziehen.

Bei Stauden mit einem dichten Wurzelwerk, wie Pfingstrosen (*Paeonia*), Astilben und Schmucklilien (*Agapanthus*), ist die Trennung viel mühsamer. Oft benötigen Sie Schneidwerkzeuge wie ein scharfes Messer, eine Grabegabel, einen Spaten oder gar (selten) eine Axt, um den Horst zu zerteilen. Gehen Sie vorsichtig damit um, aber haben Sie keine Hemmungen. Die Pflanzen erweisen sich als ausgesprochen anpassungsfähig und meist sprechen sie gut auf das an, was gemacht wurde.

Am besten pflanzen Sie die Teilstücke sofort wieder ein, damit sie nicht austrocknen. Größere Teilstücke können Sie direkt in den Garten pflanzen, am schönsten wirken kleine Gruppen. Kleinere Teilstücke oder solche, die man nicht sofort auspflanzen kann, setzen Sie in einzelne Töpfe mit torffreier Universalerde. Gießen Sie gut, damit die Erde stets feucht bleibt.

Links Sowohl die Sterndolde als auch *Geranium* 'Rozanne' in dieser Rabatte sind durch Teilung vermehrt worden.

Stauden teilen

Horstbildende Stauden eignen sich für die hier gezeigte Teilung am besten. Stauden, die keinen Horst, sondern eine einzige, tief in den Boden reichende Pfahlwurzel haben, lassen sich schwer teilen. Dies trifft z. B. auf Lupinen (*Lupinus*), auf verschiedenerlei Mohn (*Papaver*) und auf Goldlack (*Erysimum*) zu. Diese Pflanzen wachsen kompakt und bilden keine Ausläufer. Solche Pflanzen vermehrt man am besten über Stecklinge (siehe S. 122–125) oder man sät sie in einem Topf aus (siehe S. 152–155).

Im Allgemeinen teilt man horstbildende Stauden im Frühjahr, zu Beginn der Wachstumsphase, oder im Herbst, wenn der Boden noch warm ist. Jedes Teilstück behält Wurzeln für den Neuaustrieb. Obwohl die Teilstücke kleiner sind als die Mutterpflanze, nehmen sie bald den vorhandenen Platz ein.

Über spezielle Ansprüche sollten Sie sich gründlich informieren. Bei Primeln z.B. verspricht die Teilung direkt nach der Blüte den größten Erfolg, Pfingstrosen dagegen teilt man im Herbst und lässt sie fünf Jahre lang stehen, bevor man sie erneut teilt. Pfingstrosen dürfen nicht tiefer als 5 cm eingepflanzt werden, und wenn man sie in Gruppen setzt, brauchen sie einen Abstand von 50–75 cm. Ich teile hier einen Horst des Storchschnabels *Geranium* 'Rozanne', bei dem die Methode sehr gut funktioniert. Es klappt auch bei vielen anderen Stauden (siehe Pflanzenliste rechts).

Sie brauchen:

Grabegabel
Spaten
Messer (eventuell)
Substrat
Gießkanne

1. Wählen Sie ein gesundes Exemplar aus und wässern Sie es bei Trockenheit einige Stunden vor dem Ausgraben. Lockern Sie an der neuen Pflanzstelle den Boden und mischen Sie Kompost oder anderes organisches Material unter. Heben Sie ein großzügiges Loch für die Teilpflanze aus. Graben Sie die Mutterpflanze vorsichtig aus und lassen Sie dabei so viel Erde wie möglich an den Wurzeln.

2. Prüfen Sie die Pflanze, um die richtigen Stellen für die Teilung zu erkennen. Wenn Sie Blätter wegnehmen, erkennen Sie den Wuchs besser. Schneiden Sie zwischen den Trieben.

3. Teilen Sie die Pflanze. Ich verwende hier ein Messer, doch für zähere Wurzeln brauchen Sie einen Spaten. Manchmal kann man Wurzeln mit den Fingern auseinanderziehen.

4. Pflanzen Sie die Teilstücke sofort ein, damit sie nicht austrocknen. Füllen Sie das Pflanzloch mit Erde und beigemischtem Kompost an. Drücken Sie an und gießen Sie.

Geeignet für die Teilung

Prachtspiere (*Astilbe*)
Federgras (*Stipa*)
Funkie (*Hosta*)
Glockenblume (*Campanula*)
Herbstaster (*Symphyotrichum*)
Sterndolde (*Astrantia*)
Katzenminze (*Nepeta*)
Nelkenwurz (*Geum*)
Pfeifengras (*Molinia*)
Purpurglöckchen (*Heuchera*)
Sonnenhut (*Rudbeckia*)
Steinbrech (*Saxifraga*)

1.

2.

3.

4.

1.

2.

3.

4.

Blumenzwiebeln teilen

Pflanzen mit unterirdischen Speicherorganen, wie Zwiebeln, Knollen oder Rhizomen, bilden häufig Ableger um die Mutterpflanze herum. Die Tochterpflanzen mit eigenen Wurzeln kann man ausgraben, abnehmen und neu einpflanzen. Viele Zwiebelblumen des Frühlings, wie z.B. Schneeglöckchen (*Galanthus*, wie links gezeigt), Traubenhyazinthen (*Muscari*) und Krokusse, kann man sehr einfach im Anschluss an die Blüte teilen, während die Blätter noch vorhanden sind. Dadurch können die Pflanzen fürs nächste Jahr einziehen und man muss keine neuen Blumenzwiebeln kaufen.

Sie brauchen:
Grabegabel
Etiketten
Gießkanne

1. Graben Sie kurz nach der Blüte einen Zwiebelklumpen mit einer Grabegabel vorsichtig aus. Entfernen Sie überschüssige Erde.

2. Teilen Sie den Klumpen in kleinere Büschel, indem Sie die Wurzeln mit den Händen vorsichtig auseinanderziehen. Lassen Sie Zwiebeln zusammen, da Schneeglöckchen (wie viele andere beliebte Pflanzen des Spätwinters und Vorfrühlings) in Gruppen besser aussehen.

3. Pflanzen Sie die Tochterzwiebeln in der gleichen Tiefe in Töpfe oder ins Beet in gut durchlässige, vorbereitete Erde. Markieren Sie den Pflanzort.

4. Gießen Sie nach dem Einpflanzen und lassen Sie das Laub einziehen, damit die Reserven zurück in die Speicherorgane gelangen.

Andere Formen der Teilung

Verdickte, horizontale Sprossachsen im oder am Boden, wie bei vielen Schwertlilien, bezeichnet man als Rhizome. Man kann sie gut teilen, in der Regel im Frühjahr. Trennen Sie junge, gesunde Rhizome ab. Schneiden Sie mit einem scharfen Messer oder Spaten Abschnitte mit jeweils einer Knospe und einigen Wurzeln. Pflanzen Sie die Rhizomstücke in gut vorbereiteten, mit organischem Material und etwas Grobsand angereicherten Boden ein. Die Knospen müssen knapp unter der Bodenoberfläche liegen. Drücken Sie sie an und gießen Sie gut.

Die Knollenbüschel von Dahlien teile ich jedes Frühjahr mit einem scharfen Messer in Abschnitte. Sie können auch ineinander geschlungene Knollen von Hand auseinanderziehen. Jedes Teilstück muss mindestens eine gesunde Knospe (»Auge«) aufweisen. Pflanzen Sie die Teilstücke etwa 12 cm tief ein, mit der Knospe nach oben. Sie kommen an den endgültigen Standort, wenn die Spätfrostgefahr vorüber ist. Im zeitigen Frühjahr können Sie auch Basalstecklinge von Dahlien nehmen (siehe S. 125).

Geeignet für die Teilung

Begonie (*Begonia*)
Dahlie (*Dahlia*)
Montbretie (*Crocosmia*)
Narzisse (*Narcissus*)
Nerine
Ranunkeln (*Ranunculus*)
Schachblume, Kaiserkrone (*Fritillaria*)
Sibirische Schwertlilie (*Iris sibirica*)
Taglilie (*Hemerocallis*)
Traubenhyazinthe (*Muscari*)
Zierlauch (*Allium*)

ABSENKER

Ich mag diese überaus schnelle und einfache Vermehrungsmethode sehr. Damit kann man eine Vielzahl gängiger Sträucher und Kletterpflanzen sowie einige Stauden vermehren. Von Natur aus bilden sich Absenker in unseren Gärten, und beim Gärtnern leisten wir dabei einfach Unterstützung.

Wenn ein tief hängender Zweig eines Gehölzes den Boden berührt, bildet er Wurzeln, und eine neue Pflanze (ein Ableger) entwickelt sich. Manchmal bleibt die Verbindung zur Mutterpflanze bestehen, in anderen Fällen wird sie gekappt und eine völlig unabhängige Pflanze entsteht. Beim Absenken ahmt man diesen natürlichen Vorgang nach, indem ein Trieb in die Erde eingegraben und dort verankert wird, bis er bewurzelt hat. Die Mutterpflanze versorgt den Absenker in dieser Zeit weiterhin, die neue Pflanze benötigt keine zusätzliche Pflege (obwohl sich eine Bodenverbesserung mit organischem Material und Feinsplitt günstig auswirkt). Dann warten Sie einfach, bis alles in Gang kommt.

Zeitpunkt und Vorgehensweise

Bei sommergrünen Pflanzen nimmt man Absenker in der Regel im Frühjahr oder im Herbst vor (doch ab Herbst regt sich bis zum folgenden Frühjahr nichts). Bei immergrünen Pflanzen führt man Absenker besser im Frühjahr durch. Absenker gelingen bei vielen Pflanzen (siehe Pflanzenliste rechts und folgende Doppelseite). Immer müssen Sie einen Teil der Rinde abschaben, damit Wachstumshormone die Wurzelbildung anregen.

Manche Pflanzen bewurzeln bereits innerhalb von zwei bis vier Wochen, andere (darunter Wisterien und Kletterrosen) können bis zu einem Jahr brauchen. Schneeball und Hortensien bewurzeln sehr leicht von selbst im Garten. Einen Ableger trennen Sie einfach von der Mutterpflanze, sobald er zu wachsen beginnt. Pflanzen Sie ihn woanders ein.

Geeignet für Absenker

Ahorn (*Acer*)*
Azaleen (*Rhododendron*)*
Efeu (*Hedera*)
Erdbeeren (*Fragaria*)
Flieder (*Syringa*)*
Hartriegel (*Cornus*)
Jasmin (*Jasminum*)
Kamelie (*Camellia*)*
Kletter-Hortensie (*Hydrangea petiolaris*)
Kletter- und Ramblerrosen (*Rosa*)*
Magnolie (*Magnolia*)
Perückenstrauch (*Cotinus*)*
Rose (*Rosa*)*
Scheinquitte (*Chaenomeles*)*
Seidelbast (*Daphne*)*
Schneeball (*Viburnum*)*
Waldrebe (*Clematis*)
Wisterie (*Wisteria*)
* *auch für Luftableger geeignet*

Rechts Ein im Topf bewurzelter *Wisteria*-Absenker. **Vorherige Doppelseite** Zwei reichblühende Dahlien: blassrosa 'Gurtla Twilight' und die dunkler lachsrosa 'American Dawn'.

1.

2.

3.

4.

Absenker im Topf

Diese Technik eignet sich für die meisten Pflanzen, bei denen Absenker möglich sind, einschließlich Wisterien (wie hier gezeigt). Wisterien brauchen zum Bewurzeln lange (etwa 12 Monate) und blühen in den ersten Jahren wohl nicht, doch das Warten lohnt sich.

Sie brauchen:
Scharfes Messer
Topf mit Universalerde, im Idealfall mit einem Fünftel Anteil Grobsand
Kunststoffummantelter Draht
Gießkanne

1. Wählen Sie einen biegsamen, kräftigen diesjährigen Trieb, der sich in einen Topf oder in den Boden hinunterbiegen lässt. Schaben Sie an der Unterseite mit einem sauberen, scharfen Messer auf etwa 2,5 cm Rinde ab (dort, wo der Trieb mit der Erde in Berührung kommt), schneiden Sie nicht tiefer als 2 mm ein.

2. Biegen Sie den Trieb in die Erde hinein und senken Sie das verletzte Stück etwa 5 cm tief hinein.

3. Verankern Sie den Trieb mit einem starken, kunststoffummantelten Draht. Verschlingen Sie ihn, damit er nicht verrutscht, oder legen Sie zum Beschweren einen Stein darauf.

4. Gießen Sie und halten Sie die Erde in den nächsten Monaten feucht. Prüfen Sie nach sechs Monaten, ob die neue Pflanze Wurzeln gebildet hat, indem Sie leicht am Triebende ziehen. Eine eingewurzelte Pflanze zeigt Widerstand, sie wächst eigenständig (siehe S. 145).

Luftableger

Diese Methode wendet man bei Pflanzen an, deren Triebe man nicht auf den Boden herabbiegen kann, wie z. B. bei Kamelien. Man regt ein weiter oben liegendes Triebstück zur Wurzelbildung an. Schneiden Sie im zeitigen Frühjahr an einem ein oder zwei Jahre alten, geraden Trieb alle Blätter und Seitentriebe ab, sodass ein etwa 30 cm langes, freies Stück verbleibt. Schneiden Sie den Trieb direkt unterhalb eines Knotens V-förmig nach oben ein, sodass eine Zunge entsteht. Packen Sie feuchtes Substrat um den Stängel und in den Schnitt und wickeln Sie einen kleinen Plastikbeutel um die verletzte Stelle. Binden Sie den Beutel oben und unten zu. Er sollte etwa ein Jahr lang am Trieb bleiben, damit sich Wurzeln bilden. Danach können Sie den Beutel entfernen (siehe unten) und die junge Pflanze abtrennen.

ANZUCHT AUS SAMEN

Samen gehören zum Faszinierendsten, was die Natur hervorgebracht hat. Aus winzigen Anfängen geht eine Vielzahl neuer Pflanzen hervor. Die Gewinnung von Saatgut ist nicht nur äußerst spannend, sondern sie lohnt sich auch im Hinblick auf die Ausgaben. Man kann damit den eigenen Bestand an Zier- und Nutzpflanzen ohne Zusatzkosten erweitern.

Heutzutage beginnt die Aussaat in der Regel mit einem Samenpäckchen. Doch beim Kauf von Saatgut vertut man sich leicht und die Ausgaben summieren sich schnell. Stattdessen sammle ich lieber Saatgut und beteilige mich an Samentauschaktionen (siehe S. 151). Das macht Spaß, und auf diese Weise kann man noch mehr Pflanzen kultivieren. Die Anzucht von frisch abgenommenen Samen verspricht im Vergleich zu getrocknetem, gekauftem Saatgut oft mehr Erfolg.

Wenn ich Samen sammle und aussäe, fühle ich mich auf wunderbare Weise mit den natürlichen Kreisläufen verbunden. Die Bestimmung einer Pflanze ist es, zu überleben und sich fortzupflanzen. Es ist faszinierend, das Potenzial für neues Leben in der Hand zu halten. Das Gärtnern im Rhythmus der Natur entschleunigt und lehrt uns Geduld. Denn wir müssen warten, bis die Blumen ihre Arbeit getan haben und bis sich die von uns gesammelten Samen zu Pflanzen entwickeln. Obwohl es länger dauert, als wenn man Pflanzen kauft, können in einer Wachstumsperiode enorm viele Pflanzen heranwachsen und blühen, wenn man ihre Samen aussät.

Über das Jahr verteilt können Sie viele verschiedene Samen sammeln (siehe S. 151). Allerdings sind nicht alle samenfest, d. h., dass sie nicht unbedingt der Mutterpflanze gleichen. Das kann daran liegen, dass die Elternpflanze sich mit einer anderen Sorte gekreuzt hat, oder daran, dass die nachgezogenen Samen einfach schwächer sind als jene der Elternpflanze. Trotzdem ermuntere ich zum Experimentieren. Gärtnern bedeutet ein Abenteuer und nicht alles läuft nach Plan, und genau das macht es so spannend. Die Pflanze, die Sie aus gesammeltem Saatgut ziehen, sieht vielleicht etwas anders aus, aber es kann etwas völlig Neues und Wunderbares entstanden sein.

Geeignet zur Samengewinnung

Einjähriges Silberblatt (*Lunaria annua*)
Feinstrahl (*Erigeron karvinskianus*)
Fingerhut (*Digitalis*)
Garbe, Schafgarbe (*Achillea*)
Mohn (*Papaver*)
Nachtviole (*Hesperis matronalis*)
Nieswurz, Christrose (*Helleborus*)
Prachtkerze (*Gaura lindheimeri*)
Wachsblume (*Cerinthe major*)

Rechts Die Samenstände des Großen Bocksbarts (*Tragopogon dubius*) puste ich gern an, damit sich die Samen in der Wiese verbreiten.

Samen abnehmen, im Uhrzeigersinn von oben links: Samen der Nachtviole nimmt man von den pergamentartigen Samenständen ab und sät sie am besten sofort, denn die Pflanze verträgt das Umpflanzen nicht. Samen der Jungfer im Grünen (*Nigella*) nimmt man ab, sobald die Balgfrüchte reif sind. Samen von Feinstrahl (*Erigeron karvinskianus*) kann man unmittelbar ausbringen (oder im nächsten Frühjahr). Mohnsamen sät man direkt, weil die Pflanzen das Umsetzen nicht mögen.

Samen sammeln und lagern

Die Samen brauchen genügend Zeit, um zu reifen. Werden sie zu früh geerntet, keimen sie nicht. Warten Sie für die Entnahme einen trockenen Tag ab. Öffnen Sie die Samenkapseln und geben Sie die Samen in einen Briefumschlag oder eine Papiertüte. Wenn sich die Samen nicht leicht herauslösen lassen, schneiden Sie den ganzen Stängel ab und schütteln Sie die Samen in eine Tüte. Sie können auch den Stängel umgedreht in eine Tüte stecken, diese verschließen und an einem trockenen, luftigen Ort aufhängen, damit die Samen in die Tüte fallen. Trennen Sie die Samen von Pflanzenresten (vielleicht mit einem Sieb).

Informieren Sie sich an zuverlässiger Stelle zu Aussaat, Keimverhalten und Entnahmezeiten der Samen der jeweiligen Pflanze. Samen mancher Arten müssen sofort ausgesät werden, wie z.B. die von Ranunkeln, Lenzrosen, Clematis, Anemonen und Rittersporn. Andere dagegen muss man für die Aussaat im Winter oder Frühjahr aufbewahren. Viele Samen, vor allem von Gehölzen, keimen schneller, wenn sie vor der Aussaat gekühlt werden. Manche, etwa Samen von Duft-Wicken, keimen zuverlässiger, wenn man sie zuvor in warmes Wasser einweicht. Samen mit harter Schale, wie z.B. von Lupinen, ritzt man vor der Aussaat an, damit Feuchtigkeit eindringen kann.

Samen aufbewahren

Zum Aufbewahren packt man die Samen in eine Papiertüte oder einen Briefumschlag und lagert sie an einem trockenen, kühlen Ort ohne direkte Sonneneinstrahlung. Eine gute Belüftung ist für die meisten Samen unerlässlich, denn jede Art von Schimmel oder Feuchtigkeit kann die Samen verderben. Bewahren Sie die Samen verschiedener Pflanzen immer in getrennten Tüten auf. Notieren Sie den Namen der Pflanze und möglichst auch das Sammeldatum. Die Haltbarkeit der Samen schwankt von Art zu Art beträchtlich. Ermitteln Sie die Dauer der Keimfähigkeit und überschreiten Sie die Zeitangabe zur Aussaat möglichst nicht, denn danach sinkt die Keimquote deutlich ab.

Samen tauschen

Sobald Sie anfangen, Saatgut zu sammeln, haben Sie im Nu gewaltige Mengen einer bestimmten Sorte, für deren Aussaat Sie nie die Zeit und den Platz haben. Diesen Überschuss können Sie mit Freunden, Verwandten oder Nachbarn austauschen. Mancherorts gibt es Samentauschbörsen. Sie können Ihren Ertrag mit anderen teilen und kommen gleichzeitig zu neuen Pflanzen, die den Garten bereichern.

Aussaat in Töpfen

Viele Samen können im Haus viel früher ausgesät werden als im Freien – manche sogar schon im Herbst. Bei einer Vorkultur im Haus sind die Pflanzen nicht nur vor Witterungseinflüssen geschützt, sondern sie lassen sich im Vergleich zur Direktsaat im Garten auch leichter pflegen. Für Ihre ersten Aussaatversuche sollten Sie Pflanzen mit großen Samen wählen, wie Kapuzinerkresse, Duft-Wicken (*Lathyrus odoratus*) oder Zucchini. Sehr kleine Samen wie die von Strohblumen (*Xerochrysum bracteatum*) und Löwenmaul (*Antirrhinum*) kann man nicht einzeln ablegen. Man mischt stattdessen das feine Saatgut mit Sand, damit man es leichter über der Substratoberfläche verteilen kann.

Fast alle Pflanzen kann man im Topf aussäen, nur nicht solche, die ein Versetzen nicht vertragen (siehe S. 157). Daher finden Sie hier keine Liste geeigneter Pflanzen. Streuen Sie die Samen in den vorhandenen Gefäßen aus oder legen Sie sie einzeln ab, je nach Größe der Samen. Hier geht es um Grundsätzliches zur Aussaat, zum Pikieren und zum Umpflanzen – darum, wie aus Sämlingen kleine Pflanzen für den Garten werden. Details zur Weiterkultur finden Sie auf der nächsten Seite.

Grundsätzliches zur Aussaat

Füllen Sie frisches torffreies Vermehrungssubstrat in einen Topf oder ein Modul ein oder mischen Sie zu gleichen Teilen torffreie Universalerde mit Grobsand. Ebnen Sie die Oberfläche und gießen Sie leicht an. Große Samen stecken Sie einzeln in die Erde. Halten Sie einigen Abstand voneinander ein, damit die Sämlinge wachsen können. In einen 9-cm-Topf legen Sie nur einen oder zwei Samen ab. Bei feinem Saatgut streut man eine dünne Schicht von Samen über die Substratoberfläche. Sieben Sie darüber Substrat, bis die Samen vollständig abgedeckt sind. Gießen Sie vorsichtig an. Bei feinen Samen stellen Sie den Topf am besten in ein Gefäß mit Wasser, bis die Feuchtigkeit zur Oberfläche durchdringt. Dies verhindert, dass die Samen beim Gießen weggeschwemmt werden.

Beschriften Sie jeden Topf und stellen Sie ihn dann auf eine helle Fensterbank oder in ein Gewächshaus. Pikieren Sie die Sämlinge zügig nach dem Aufkeimen (siehe S. 154).

Anyas Insider-Tipps

- Die Substratoberfläche muss glatt und eben sein, sonst schwemmt das Gießwasser die Samen zur Seite.
- Einige Samen, wie die von Primeln, Mohn (Papaver), Fleißigen Lieschen (Impatiens) und Schönranke (Eccremocarpus), brauchen Licht zum Keimen. Das Saatgut wird daher nicht abgedeckt.
- Wenn Sie eine größere Anzahl aussäen, kann sich die Anschaffung eines einfachen Zimmergewächshauses mit Bodenheizung für die Fensterbank lohnen. Ich meine, es begünstigt die Keimung.

Vom Samen zur blühenden Pflanze, im Uhrzeigersinn von oben links: Entnahme von *Helleborus*-Samen aus den trockenen Balgfrüchten. Blühende Lenzrose (*Helleborus*). Duft-Wicken-Sämlinge in Pappkartonrollen. Blühende Duft-Wicken.

Sämlinge pikieren

Sobald die Sämlinge zwei oder mehr echte Blätter entwickelt haben und man sie gut handhaben kann, werden die kräftigsten unter ihnen vorsichtig in einzelne Töpfe umgepflanzt oder pikiert. Wenn Sie zwei oder mehr Samen in einen einzigen Topf oder in eine Zelle eines Moduls abgelegt haben, müssen Sie die schwächeren Sämlinge herausnehmen und verwerfen, damit die wüchsigen mehr Platz für ihre Entwicklung haben.

Arbeiten Sie immer mit einer kleinen Anzahl von Sämlingen, damit sie nicht austrocknen. Gießen Sie die Pflanzen ein oder zwei Stunden vor dem Versetzen. Lockern Sie die Erde zwischen den Sämlingen mit einem Pikierstab oder einem Aststück auf, und ziehen Sie schwächere Pflanzen vorsichtig heraus. Füllen Sie mehrere Töpfe mit torffreier Universalerde. Lösen Sie größere Sämlinge mit anhaftender Erde um die Wurzeln heraus. Bohren Sie in der Mitte jedes Topfes ein Loch. Halten Sie einen Sämling vorsichtig hinein und setzen Sie ihn bis zu den Keimblättern ein. Drücken Sie das Substrat um die Wurzeln herum behutsam fest, gießen Sie leicht und etikettieren Sie. Stellen Sie die Töpfe mit den umgesetzten Jungpflanzen an einen hellen Ort ohne direkte Sonneneinstrahlung.

Abhärten

Empfindliche Pflanzen müssen sich vor dem Auspflanzen an die Bedingungen im Freien gewöhnen, deshalb muss man sie abhärten. Dazu stellt man die Pflanzen tagsüber für kurze Zeit an einen geschützten Platz im Freien, und nachts kommen sie wieder ins Haus. Man verlängert die Zeit, in der sie draußen stehen, im Laufe von ein oder zwei Wochen, bis sie den ganzen Tag über und schließlich auch nachts im Freien bleiben. Dabei deckt man sie in den ersten Nächten mit Vlies oder gebrauchtem Verpackungsmaterial ab.

Auspflanzen

Wenn die Setzlinge herangewachsen sind und die Spätfrostgefahr vorüber ist, wird es Zeit zum Auspflanzen in den Garten. Bereiten Sie den Boden vor, indem Sie jäten, hacken und rechen, und wässern Sie die vorgesehene Fläche dann. Setzen Sie die Jungpflanzen im richtigen Abstand ein. Sie werden schnell ein ausgreifendes Wurzelwerk und einen üppigen Wuchs entwickeln. Bei drohendem Nachtfrost decken Sie die Pflanzen mit Vlies oder Zeitungspapier ab, damit die Erdwärme nicht abstrahlt. Möglicherweise müssen Sie Maßnahmen zum Pflanzenschutz ergreifen (siehe S. 74), damit keine wertvollen Pflanzen verloren gehen.

Den geeigneten Topf wählen

Alle verwendeten Töpfe müssen sauber sein und sie müssen ordentliche Wasserabzugslöcher haben, damit sich am Grund kein Wasser staut, denn dies bringt die Wurzeln zum Faulen. Manche Pflanzen benötigen bestimmte Töpfe. Duft-Wicken zum Beispiel haben lange Wurzeln und brauchen daher besonders hohe Töpfe. Für ihre Aussaat kann man ganz einfach die inneren Pappröhren von Toilettenpapierrollen verwenden (siehe S. 153).

Anzucht von Sämlingen, im Uhrzeigersinn von oben links: Sämlinge im Verlauf der Keimung. Sämlinge vereinzeln (pikieren), indem man sie vorsichtig aus der Aussaatschale hebt. Ein Sämling wird zur Weiterkultur im eigenen Topf verankert. Ein Sämling aus einem Anzuchtmodul wird in einen größeren Topf umgesetzt oder in den Garten gepflanzt.

Direktsaat an Ort und Stelle

Eine Direktsaat spart Zeit und Geld. Sie ist bei Pflanzen erforderlich, die das Umsetzen nicht vertragen, wie Möhren, Pastinaken und anderes Wurzelgemüse, Kräuter mit langen Pfahlwurzeln wie Petersilie oder Blumen wie Einjähriges Silberblatt und Mohn. Sie können in Reihen oder breitwürfig in Schwaden säen. Bereiten Sie den Boden durch Jäten und Lockern vor, rechen Sie für eine feinkrümelige Oberfläche. Manche Pflanzen verlangen nach der Zugabe organischer Substanz wie Kompost oder Mist.

Sie brauchen:
Samen
Etiketten
Schnur
Rechen
Gießkanne

Aussaat in Reihen

In Reihen säe ich Gemüse und Schnittblumen. Auf diese Weise bringe ich so viele Samen wie möglich aus und habe guten Zugang beim Jäten und Ernten. Die Samen legt man für die Kultur einfach in eine gerade Rille.

1. Markieren Sie mit Schnur und Stock gerade Reihen in etwa 30 cm Abstand, ziehen Sie etwa 2 cm tiefe Rillen (je feiner das Saatgut, desto flacher).

2. Legen Sie immer zwei Samen nebeneinander in gleichmäßigem Abstand in die Rille (halten Sie den empfohlenen Abstand ein). Bedecken Sie die Samen mit ein wenig Erde, drücken Sie diese vorsichtig an und wässern Sie den Boden sanft.

1.

2.

Breitwürfige Aussaat

Auf diese Weise sät man hauptsächlich Einjährige in einer Rabatte. Man streut die Samen, damit die Pflanzen später natürlich wirken. Unten links nehme ich Samen vom Kleinen Klappertopf (*Rhinanthus minor*) ab, den ich in Wiesen einstreue (siehe S. 50–53).

1. Entnehmen Sie die Samen von den Samenständen.

2. Verstreuen Sie die Samen. Wenn sie auf blankem Boden liegen, rechen Sie sie leicht ein und gießen Sie anschließend.

Geeignet für die Direktsaat

Blaudolde (*Didiscus caeruleus*)
Brennende Liebe (*Silene coronaria*)
Einjähriges Silberblatt (*Lunaria annua*)
Feinstrahl (*Erigeron karvinskianus*)
Jungfer im Grünen (*Nigella damascena*)
Kalifornischer Mohn (*Eschscholzia californica*)
Lein (*Linum*)
Levkoje (*Matthiola longipetala*)
Ringelblume (*Calendula officinalis*)
Schopf-Salbei (*Salvia viridis*)
Sternbalsam (*Zaluzianskya ovata*)
Strahlen-Breitsame (*Orlaya grandiflora*)

Anyas Insider-Tipps

- Durch Ausdünnen entwickeln sich kräftige, gesunde Pflanzen. Ziehen Sie schwache Sämlinge heraus, damit sie nicht zu dicht stehen. Halten Sie den auf der Packung angegebenen Pflanzabstand ein.

- Wenn Sie Gemüse wie etwa Salat ausdünnen, können Sie die Sämlinge essen.

1.

2.

SUKKULENTEN VERMEHREN

Viele sukkulente Gewächse lassen sich ausgesprochen leicht vermehren und es entstehen jedes Jahr Hunderte neuer Pflanzen aus einem einzigen Exemplar. Die erklärte Technik können Sie drinnen oder draußen durchführen, und es ist fast zu jedem Zeitpunkt möglich. Die jungen Pflänzchen, die aus den Stecklingen hervorgehen, können Sie für kreative Arrangements (siehe S. 172–173) verwenden oder an Freunde und Familienmitglieder verschenken.

Sukkulenten vermehrt man auf unterschiedliche Weise. Ich beschränke mich hier auf Blattstecklinge von rosettenbildenden Formen wie bedingt winterharte Echeverien sowie winterharte Hauswurz (*Sempervivum*) oder Fetthenne (*Sedum*).

Sie brauchen bloß ein paar Blätter vom Grund der Pflanze abnehmen, doch wenn Sie viele Pflänzchen gewinnen wollen, müssen Sie eine ganze ausgewachsene Pflanze opfern. Wenn Ihnen dafür ein gesundes Exemplar zu schade ist, schauen Sie im Supermarkt in der Abteilung für Sonderangebote, ob Sie dort etwas finden, das einer Rettung bedarf.

Sie brauchen:
Schale
Pikierstock
Vermehrungssubstrat oder Universalerde, vermischt mit Grobsand

1. Nehmen Sie ein ausgewachsenes, gesundes Blatt von der Mutterpflanze, indem Sie es seitlich bewegen. Wurzeln bilden sich nur am Blattansatz.

2. Füllen Sie eine Schale (mit Wasserabzugslöchern) mit Erde, unter die Sie zusätzlichen Grobsand für eine bessere Wasserführung gemischt haben. Stecken Sie die Blätter so ein, dass deren Ansatz Kontakt zur Erde hat. Wässern Sie behutsam und stellen Sie die Schale geschützt und sonnig auf.

3. Halten Sie die Erde stets leicht feucht, bis sich neue Pflänzchen zeigen. Einige Blätter werden Wurzeln bilden, denen kleine Rosetten folgen. Entfernen Sie eingetrocknete Blätter.

4. Wenn man die Pflänzchen handhaben kann, nehmen Sie sie mit einem Stift vorsichtig zum Umsetzen hoch. Die Blätter der Mutterpflanze fallen dann oft schon ab oder man schnippt sie weg.

Anyas Insider-Tipps

- Schlagen Sie die Blätter für einen Transport in Zeitungspapier und nicht in Folie ein.
- Die trockenheitsverträglichen Sukkulenten brauchen kaum Pflege. Sie vertragen es weitaus besser, wenn man sie zu wenig als wenn man sie zu viel gießt.

1.

2.

3.

4.

Kapitel 6

EIN JAHR IM GARTEN

Ich empfinde die Anlage eines Gartens wie das Schreiben eines Theaterstücks. Man will das Publikum die ganze Zeit über unterhalten – also während des ganzen Jahres. Mit etwas Planung und Vorstellungskraft kommt ein Manuskript zustande. Die Akteure sind die Pflanzen, die sich von ihrer besten Seite zeigen sollen.

FRÜHLING

Jeder Neuanfang ist spannend. Samen keimen, Sämlinge beginnen zu wachsen, Bienen fliegen aus und suchen nach frühen Blumen. In dieser arbeitsreichen Phase müssen Sie gut planen und überlegen, womit Sie Ihre Zeit verbringen. Aber halten Sie immer wieder inne und genießen Sie die Frühjahrsblüte am Wegrand.

Wenn der Winter zu Ende geht und die Tage ein wenig länger werden, will ich immer mehr Zeit im Garten verbringen. Jedes Jahr probiere ich etwas Neues aus, entweder säe ich eine neue Sorte oder ich setze Pflanzen an einen neuen Ort. Genau das gefällt mir am Gärtnern: Man lernt immer dazu.

Zeit für die Aussaat

Ab dem zeitigen Frühjahr säe ich so viel wie möglich aus. Viele meiner Lieblingspflanzen sät man am besten im Frühling, dazu zählen Einjährige wie Zinnien und Kosmeen und Zweijährige wie Vergissmeinnicht, Fingerhut, Einjähriges Silberblatt, Bartnelke und Goldlack. Kälteempfindliche Pflanzen sät man erst ein wenig später. Man pflanzt sie erst aus, wenn die Spätfrostgefahr vorüber ist.

Wetterkapriolen

Wir haben in den vergangenen Jahren gesehen, wie schnell sich unser Klima verändert, und wir müssen uns beim Gärtnern daran anpassen. Die Aussaat und andere Vermehrungsmethoden dienen als Puffer gegen die immer häufigeren unvorhersehbaren Wetterereignisse. Im Frühjahr müssen wir uns zunehmend gegen Starkfrost, Regengüsse oder anhaltende Trockenheit wappnen.

Sie können gezielt robustere Pflanzen wählen oder Sie ziehen ausreichend Stecklinge von solchen Pflanzen, die bei extremer Witterung leicht verloren gehen. Auf diese Weise sind Sie gut vorbereitet, denn Sie haben Ersatzpflanzen zur Verfügung, falls es zu Verlusten kommt.

Arbeiten im Frühling

- Stützen für Duft-Wicken und andere Pflanzen aus Ästen vom Gehölzschnitt bauen (siehe S. 166–169).
- Alle zu groß gewordenen Pflanzen umtopfen oder bei übergroßen Gewächsen oben frische Erde aufbringen.
- Junge Pflanzen auf Schneckenbefall kontrollieren (siehe S. 74).
- Immergrüne Gehölze und wurzelnackte Ware einpflanzen (siehe S. 83–84).
- Beete mulchen gegen Unkrautaufkommen und zur Nährstoffzufuhr (siehe S. 69).
- Hecken und Ziergräser schneiden, Beetkanten abstechen.
- Eigenen Dünger herstellen (siehe S. 70–71).
- Sommerstauden bei Beginn des Austriebs teilen, Schneeglöckchen gleich nach der Blüte teilen (siehe S. 136–141).
- Absenker herrichten (siehe S. 144–147).
- Basalstecklinge mit und ohne Zunge (siehe S. 125) von Dahlien, Lupinen und Rittersporn entnehmen.
- Grünstecklinge schneiden von Frühling bis zum Frühsommer (siehe S. 122–125).

Schnittlauch-Einfassung

Schnittlauch gehört zu den Alleskönnern unter den Kräutern: Er schmeckt, bereichert den Garten optisch und die von Bestäubern geliebten Blüten halten sich lange in der Vase. Schnittlauch gedeiht in Töpfen oder auf der Fensterbank gut, wächst aber ausgepflanzt am besten. Aus vielen gesäten Schnittlauchpflanzen (oder mit ein paar gekauften Töpfen aus dem Supermarkt) entsteht eine Mini-Hecke, die als Wegrand oder zur Einfassung eines Blumenbeets prima aussieht.

Für meinen Garten wähle ich vorwiegend vielseitig einsetzbare und nicht allzu anspruchsvolle Pflanzen. Dies trifft auf Schnittlauch (*Allium schoenoprasum*) voll zu. Er wächst in der Sonne wie im Halbschatten und lässt sich im Hochsommer durch einfaches Stutzen leicht verjüngen. Außerdem bleibt er mit bis zu 30 cm Höhe niedrig und wirft keinen nennenswerten Schatten auf andere Pflanzen. Die rosa bis lila nektarreichen Blüten ernähren im zeitigen Frühjahr eine Anzahl von bestäubenden Insekten. Vor allem kommen die Pflanzen Jahr für Jahr wieder. Schnittlauch entwickelt sich noch auf kleinstem Raum.

Hier habe ich im Supermarkt gekauften Schnittlauch mit aus Samen gezogenen Pflanzen gemischt. Die Aussaat hatte ich im zeitigen Frühjahr vorgenommen (siehe S. 152–155). Schnittlauch aus Samen ist sehr preiswert und bringt viele Pflanzen hervor, die jahrelang halten. Kräuter aus dem Discounter bieten einen Ersatz, wenn es an Zeit fehlt. Sie kommen im Vergleich zum Sortiment in Gartencentern günstiger. Die dicht gedrängten Pflanzen in den Töpfen stehen im Ruf, nicht lange zu halten, aber es gibt eine Lösung (siehe Schritt 2, rechts).

Sie brauchen:
Schnittlauchsamen oder -pflanzen
Topf oder Schale
Geeignetes Substrat
Gießkanne
Pflanzschaufel

1. Für die eigene Aussaat: Bringen Sie im zeitigen Frühjahr eine kleine Menge Samen in einem Topf oder in einer kleinen Schale aus. Säen Sie in eine Mischung aus Topfsubstrat und Grobsand. Wässern Sie und stellen Sie die Saat an einen warmen Fensterplatz im Haus. Lassen Sie die Sämlinge ein paar Wochen lang im Freien abhärten (siehe S. 154). Man kann auspflanzen, sobald die Pflänzchen etwa 10 cm hoch sind.

2. Bei im Supermarkt gekauften Pflanzen heben Sie den ganzen Ballen vorsichtig aus dem Topf. Die vielen Einzelpflanzen, die ineinander gewachsen sind, können Sie in zwei oder drei Teile trennen.

3. Graben Sie mit einer Pflanzschaufel ein Loch für das Wurzelwerk in den Boden. Setzen Sie einen Schnittlauch hinein und drücken Sie ihn fest. Pflanzen Sie weitere Schnittlauchpflanzen im Abstand von 25 cm entlang einer Reihe. Gießen Sie gut an.

4. Der Schnittlauch wird den Platz bald ausfüllen. Vielleicht blüht er nicht im ersten Jahr, wohl aber im folgenden Frühjahr. Schnittlauch sollte man alle 2–3 Jahre teilen, damit er wüchsig bleibt. Damit erhalten Sie weitere Pflanzen für den Garten oder zum Verschenken.

1.

2.

3.

4.

Rankobelisk für Duft-Wicken

Duft-Wicken (*Lathyrus odorata*) erfreuen im Sommer sowohl im Garten als auch in der Vase mit ihrem Duft. Je nach Sorte bieten sie ein buntes Farbenspiel. Die Wirkung lässt sich steigern, wenn Sie aus einigen stabilen Ästen und reichlich Zweigen vom Gehölzschnitt ein Gerüst flechten.

Auch wenn sie kompliziert aussehen, sind Obelisken überraschend einfach zu bauen und machen Eindruck. Wenn Sie erst einmal ein paar gebaut haben, dauert der Aufbau weniger als eine Stunde, vor allem, wenn Ihnen jemand dabei hilft. Haselnussstöcke eignen sich besonders gut – vielleicht bekommen Sie welche bei einem Baumpflegebetrieb vor Ort. Birke oder Holz von anderen Bäumen, die Sie zur Verfügung haben, kommen ebenfalls infrage, aber nehmen Sie keine Weide oder Hartriegel, weil sie bewurzeln. Ein gut gemachter Obelisk hält ein oder zwei Jahre, muss aber irgendwann ersetzt werden, wenn die Äste dürr und brüchig werden.

Duft-Wicken kann man im zeitigen Frühjahr im Haus in tiefe, schmale Töpfe säen. Für die langen Wurzeln eignen sich auch Pappröhren von Toilettenpapierrollen (siehe S. 152–155). Ab April können sie ins Freiland gepflanzt werden. Meine Lieblingssorten stehen auf der Liste von S. 169. Wenn Sie immer wieder Blütenstände schneiden, haben Sie jede Menge Flor für den Vasenschnitt, zum Verkaufen oder zum Eintauschen.

Sie brauchen:
Sammlung von langen und kleinen Ästen
Astschere und Astsäge
Schnur
Duft-Wicken

1. Nehmen Sie sechs bis acht Äste und einige dünnere, biegsame Zweige. Schneiden Sie die Äste auf gleiche Länge zu. Ich schneide sie gerne etwa 2 m lang, damit der fertige Obelisk ungefähr auf Augenhöhe steht und ich einfach Blüten schneiden kann. Unten schneide ich die Äste schräg an, damit sich der Obelisk leichter einstecken lässt.

2. Verankern Sie einen geraden Ast im Zentrum des späteren Obelisken und binden Sie unten am Boden ein etwa 50 cm langes Stück Schnur an. Knüpfen Sie ein Stöckchen an das andere Ende der Schnur. Damit ziehen Sie einen Kreis um die Mitte.

3. Stecken Sie die verbliebenen Äste in gleichen Abständen entlang des Kreises in den Boden. Gekrümmte Äste stecken Sie so ein, dass sie sich nach innen wölben.

4. Nehmen Sie ein Stück Schnur, das Sie doppelt fassen. Greifen Sie alle Äste um den zentralen Ast herum (dafür brauchen Sie vielleicht einen Helfer) und ziehen Sie die doppelt gelegte Schnur um die Äste herum. Führen Sie die Schnurenden durch die Schlaufe und ziehen Sie sie fest. Wickeln Sie sie dann mehrmals rundherum und binden Sie die Enden zusammen, um das Astgerüst zu sichern.

1.

2.

3.

4.

5.

6.

7.

8.

5. Verdrehen Sie alle dünnen Seitentriebe, die den Ästen entspringen, miteinander und biegen Sie sie leicht nach unten und um den Obelisken herum. Führen Sie nach und nach dünnere, biegsame Zweige in diesen Strang ein, sodass eine Art »Seil« entsteht, das sich um den Obelisken windet.

6. An den Kreuzungspunkten öffnen Sie das Seil, sodass ein Bündel vor dem Ast und das andere dahinter verläuft. Verdrehen Sie die beiden Bündel auf der gegenüberliegenden Astseite wieder.

7. Das Seil aus Zweigen soll ganz natürlich um den Obelisken herumfließen. Fügen Sie elastische Zweige ein und flechten Sie weitere Zweige ein, so wie sie eben anfallen. Fahren Sie fort, bis Sie am Boden angekommen sind.

8. Setzen Sie an den Grund jedes Astes eine Duft-Wicken-Jungpflanze. Binden Sie die Triebe für den Anfang an. Die wachsenden Pflanzen werden von selbst den Obelisken überranken (rechts). Mulchen Sie den Boden mit Grasschnitt (siehe S. 68–69).

Bevorzugte Duft-Wicken

'Blue Velvet'
'Earl Grey'
'Erewhon'*
'Lisa Marie'
'Matacuna'
'Memories'*

** Diese modernen Grandiflora-Sorten haben große Blüten und lange, kräftige Triebe und duften herrlich.*

SOMMER

Damit der Garten immer ansprechend wirkt, braucht er Pflege. Sie müssen beschneiden, ausputzen, stützen, Früchte ernten und Blumen schneiden. Dabei können Sie das Wachstum der Pflanzen und die Wildtiere unmittelbar beobachten – von Bestäubern wie Bienen und Schmetterlingen bis hin zu Kröten, die sich im Schatten verbergen.

Von Früh- bis Hochsommer gönne ich mir eine Pause, um meinen Garten mit allen Sinnen zu genießen. Ich beobachte dann vor allem, wie die Pflanzen wachsen. Das tue ich aus zwei Gründen: Erstens, um mich am Ergebnis meiner Arbeit zu freuen, den unzähligen blühenden Blumen, den neu gepflanzten Setzlingen und den bewurzelten Stecklingen, die sich gut entwickeln. Zweitens überdenke ich nun meine Ausgaben, indem ich notiere, was gut wächst und was nicht.

Die Pflanzen müssen tatsächlich einiges leisten, um sich den Platz in meinem Garten zu sichern. Ich beobachte und schreibe alles auf, um für das nächste Jahr planen zu können. Ich empfehle Ihnen, ein Notizbuch zu führen und Ihre Beobachtungen aufzuschreiben. Machen Sie viele Fotos, die Sie in den ruhigen Wintermonaten auswerten können (siehe S. 180–183).

Eine Auszeit nehmen

Es fällt schwer, den Garten im Sommer hinter sich zu lassen, aber wenn Sie wegfahren, dann sollten Sie jemanden um Hilfe bitten, der dafür Gemüse ernten und Blumen pflücken darf.

Steigende Temperaturen

Weil unsere Sommer immer heißer werden, müssen wir besonders für die Gefäße trockenheitsverträgliche Pflanzen wählen. Dafür geeignete Gewächse wie Prachtkerzen (*Gaura*) und Feinstrahl (*Erigeron karvinskianus*) benötigen minimale Zuwendung, bringen aber ein maximales Ergebnis. Wenn Sie die Topfoberfläche mit Stroh oder Verpackungsmaterial mulchen, sparen Sie Wasser, verhindern, dass Unkräuter wachsen und halten außerdem Schnecken fern.

Arbeiten im Sommer

- Lavendel nach der Blüte zurückschneiden.
- Alle hochwachsenden Pflanzen stützen, damit sie nicht umkippen.
- Verwelktes jedes Tag ausschneiden, damit sich mehr Blüten entwickeln.
- Rasenkanten mit dem Halbmondkantenstecher abstechen für saubere Beetkanten.
- Blütenpflanzen mit kalireichem Dünger versorgen, etwa mit Beinwelldünger (siehe S. 70–71).
- Direktsaat von Fingerhut, Einjährigem Silberblatt und Nachtviole (siehe S. 156–157).
- Grünstecklinge von Gehölzen und Stauden von Früh- bis Hochsommer schneiden (siehe S. 122–125).
- Halbreife Stecklinge von Hoch- bis Spätsommer schneiden (siehe S. 126–129).
- Im Sommer blühende Sträucher im Spätsommer zurückschneiden.

Vorhandenes nutzen

Nehmen Sie die Herausforderung an und verwenden Sie nur selbst gezogene Pflanzen und wiederverwendete Gefäße. Natürlich können Sie auch einen alten Blumentopf wiederverwenden, aber vielleicht fällt Ihnen auch Originelleres ein. Werden Sie kreativ, indem Sie ausrangierte Haushaltsgegenstände bepflanzen: Gummistiefel, Siebe, Töpfe oder geliebtes Kinderspielzeug, wie ich es hier getan habe.

Je nach Pflanzgefäß können Sie Nutz- oder Zierpflanzen, Blütenpflanzen und Gräser oder Stauden anstelle von Einjährigen für eine dauerhafte Wirkung pflanzen. Mit solchen Gefäßen können Sie während des ganzen Jahres vermehren und Sie haben immer eine Pflanzenreserve zur Verfügung.

Dieser Spielzeug-Muldenkipper gehörte einst meinem Mann, später meinen Söhnen. Abgenutzt wie er war, rettete ich ihn vor der Mülltonne und schenkte ihm ein neues Leben als Behälter für meine Sukkulenten. Hier verwende ich aus Blättern vermehrte Echeverien (siehe S. 158–159). Welchen Gegenstand Sie auch immer umfunktionieren, sorgen Sie für Wasserabzugslöcher (der Kipper hat eine Aussparung im Boden). Notfalls müssen Sie vorsichtig Löcher bohren, denn stauende Nässe schädigt die Wurzeln (und kann sie sogar abtöten).

Sie brauchen:

Umgenutztes Pflanzgefäß
Wiederverwendete Folie
Schere
Substrat
Splitt
Stock zum Anfassen der Pflanzen
Selbst vermehrte Pflanzen

1. Legen Sie den Boden des Gefäßes mit einer wiederverwendeten Plastikfolie (z. B. einem alten Erdsack) aus. Die Folie wird etwas kleiner geschnitten als das Gefäß, damit sie nicht über den Rand hinausragt. Durchlöchern Sie die Folie an mehreren Stellen für den Wasserabzug.

2. Mischen Sie in einem getrennten Behälter Substrat mit Splitt. Für die Sukkulenten verwendet man zu gleichen Teilen Splitt und Substrat, andere Pflanzen haben andere Ansprüche (siehe S. 16). Füllen Sie diese Mischung in das von Ihnen gewählte Gefäß. Lassen Sie oben einen Rand von 2–4 cm frei.

3. Heben Sie die selbst vermehrten Pflanzen mit einem Stock vorsichtig aus dem Anzuchtbehälter. Beschädigen Sie möglichst nicht die Wurzeln. Besteht weiterhin eine Verbindung zum Ausgangsblatt, schneiden Sie dieses mit einer Schere ab. Setzen Sie die Pflanze in eine Mulde im neuen Substrat ein. Bedecken Sie zum Schluss das offene Substrat mit Splitt, damit der Bereich um die Blätter herum trocken bleibt.

4. Gießen Sie regelmäßig, damit die Pflanzen gut anwachsen, vor allem bei Trockenheit. Die Rosetten sollten mit der Zeit das Substrat bedecken. Echeverien sind nicht winterhart, deshalb stelle ich dieses Gefäß den Winter über ins Haus. Winterharte Sukkulenten wie Hauswurz (*Sempervivum*) oder Weiße Fetthenne (*Sedum album*) können in ihrem Behälter das ganze Jahr über draußen stehen bleiben.

1.

2.

3.

4.

1.

2.

3.

4.

Hängetomaten

Der Anbau von eigenem Obst und Gemüse macht viel Spaß und man bekommt preiswert frische Produkte. Kirschtomaten, vor allem die hängenden Sorten, tragen besonders gut. Sie eignen sich perfekt für kleinere Gärten und Balkone, da sie in Kübeln oder Blumenampeln wachsen. Attraktive Begleitpflanzen können Schädlinge abwehren und sorgen für ein dauerhaft farbenfrohes Sommerarrangement.

Als ich ein Kind war, wuchsen Hunderte von Tomatenpflanzen in unserem Gewächshaus. Der markante Geruch der Blätter erinnert mich nicht nur an die Fülle der runden, roten Früchte, die wir direkt vom Strauch aßen oder aus denen Speisen zubereitet wurden. Er erinnert mich auch daran, dass absolut nichts verschwendet wurde.

Wenn Sie zum ersten Mal Tomaten kultivieren, empfehle ich Ihnen, Saatgut zu kaufen. Dies garantiert die bestmögliche Qualität und Widerstandsfähigkeit gegenüber Krankheiten, was wiederum eine gute Ernte erhoffen lässt. Ideal bei beschränktem Platz ist die hängende Sorte 'Tumbling Tom Red'. Sie wächst kompakt und hat eine Höhe und Breite von etwa 30 cm. Sie muss nicht mit Stäben gestützt und nicht ausgegeizt werden. Nach der ersten Ernte können Sie Samen für das nächste Jahr gewinnen. So kommen Sie zu einer jährlichen Tomatenernte zum Nulltarif.

Sie brauchen:
Tomatensamen
Töpfe oder Schalen
Torffreies Substrat
Gießkanne
Geeignetes Pflanzgefäß
Kalireichen Dünger

1. Säen Sie im Frühjahr in Töpfe oder Schalen mit torffreier Erde aus. Säen Sie mehr Samen aus, als Sie später an Pflanzen benötigen. Gut wässern und zum Keimen an einen warmen, sonnigen und geschützten Ort stellen, z. B. auf die Fensterbank oder ins Gewächshaus.

2. Sobald die Sämlinge so groß sind, dass man sie gut handhaben kann, pikieren Sie sie. Setzen Sie die kräftigsten in einzelne 9-cm-Töpfe um. Die Jungpflanzen bleiben unter Schutz, bis die Spätfrostgefahr vorüber ist. Sobald es wärmer wird, bringen Sie die Pflanzen etwa eine Woche lang tagsüber ins Freie, damit sie sich an die raueren Bedingungen gewöhnen.

3. Wählen Sie einen sonnigen, geschützten Platz als endgültigen Standort für die Tomaten. Füllen Sie das gewählte Pflanzgefäß mit torffreiem Substrat. Setzen Sie zwei oder drei Pflanzen hinein, sie müssen genügend Platz zum Wachsen haben. Ich verwende einen Hängekorb, der außen mit einer Einlage aus Kokosfaser und innen mit Folie aus einem alten Erdsack ausgekleidet ist. Unten befinden sich ein paar kleine Löcher für den Wasserabzug.

4. Gießen Sie die Pflanzen während der Wachstumszeit gut. Sobald Blüten erscheinen, geben Sie kaliumreichen Beinwelldünger (siehe S. 70–71) zu, der die Fruchtbildung fördert. Die Früchte entwickeln sich während des Sommers, vorausgesetzt, die Pflanzen werden von bestäubenden Insekten besucht. Pflücken Sie die reifen Tomaten ab.

HERBST

Die Tage werden kürzer und im Garten kehrt Ruhe ein, aber im Herbst gibt es noch viel zu bewerkstelligen – und zu genießen. Wenn Bäume ihre Blätter abwerfen und Gemüsebeete ihre Ernte liefern, ist die Zeit der Farben, der Freude und der neuen Chancen gekommen.

Der Herbst bringt bunte Blätter, Früchte und Rinden, aber in dieser Zeit sehen Sie auch, ob es dem Garten an Farbe fehlt. Sie können sich überlegen, welche Pflanzen zu dieser Jahreszeit zusätzliche Wirkung bringen könnten. Neben einer Reihe von spätblühenden Sträuchern und Blumenzwiebeln kommen im Herbst auch Ziergräser gut zur Geltung.

Schnäppchenjagd

Viele Leute haben Spaß an der Suche nach Sonderangeboten. Im Herbst wird man oft in Gartencentern fündig, die vor dem Weihnachtsgeschäft ihre Lager leeren müssen oder einen Überschuss an Sommerblühern zu verkaufen haben. In der Abteilung für reduzierte Ware, die oft in einer stillen Ecke versteckt ist, können Sie wahre Schätze finden. Blumenzwiebeln werden im Spätherbst, nach Ende der eigentlichen Pflanzzeit, reduziert angeboten. Wenn Sie sie so schnell wie möglich stecken, entwickeln sie sich noch schön. Oder Sie nehmen sich erschöpften Stauden an, um sie fürs nächste Jahr aufzupäppeln.

Generell ist jetzt die beste Zeit für den Kauf von Bäumen, Sträuchern und Rosen, denn der Herbst ist ideal zum Pflanzen von Gehölzen (siehe S. 83–84). Wurzelnackte Exemplare kosten viel weniger als Containerware. Sie sollten sie immer so schnell wie möglich einpflanzen.

Herbstlaub

Wenn Sie oder Ihre Nachbarn sommergrüne Gehölze haben, fallen im Herbst reichlich bunte Blätter an. Sie müssen nicht alles wegräumen. Laub, das auf den nackten Boden gefallen ist, zersetzt sich den Winter über und liefert Nährstoffe und organische Substanz. Unberührte Laubhaufen bieten Wildtieren in den Wintermonaten dringend benötigte Unterschlupfmöglichkeiten. Wenn Sie Laub von Wegen oder Rasenflächen entfernen müssen, können Sie es auf den Kompost geben oder es ungefähr ein Jahr lang in Säcken aufbewahren, um daraus Lauberde zu gewinnen. Nichts wird verschwendet.

Arbeiten im Herbst

- Rückschnitt von spät blühendem Lavendel frühzeitig im Herbst. Bei einem späteren Schnitt kann es zu Schäden durch Frühfrost kommen. Warten Sie dann besser bis zum Frühjahr.
- Vermehren Sie weiterhin über halbreife Stecklinge (siehe S. 126–129).
- Stauden und Schwertlilien teilen. Pfingstrosen kann man nur im Herbst teilen.
- Nehmen Sie einige Samen ab, doch überlassen Sie den Rest den Vögeln und anderen Tieren als Wintervorrat.
- Stecken Sie Zwiebelblumen fürs Frühjahr.

Ein Topf, der Freude bereitet

Wenn man im Herbst Blumenzwiebeln und Knollen pflanzt, sorgt man für eine jahreszeitliche Abfolge im Garten. Stellt man sich das spätere Ergebnis vor, dann schöpft man Zuversicht und Hoffnung für die bevorstehenden kalten und dunklen Monate. Im Übrigen sind Blumenzwiebeln sehr preiswert, vor allem dann, wenn man sie später im Jahr kauft oder als Ableger von bereits vorhandenen Pflanzen gewinnt.

Für meinen im Herbst bestückten Topf habe ich meine Lieblingstulpe *Tulipa* 'Danique' gewählt. Diese ausdauernde Sorte blüht Jahr für Jahr immer wieder (Sie können es aber mit vielen verschiedenen Blumenzwiebeln und Knollen probieren). Sie können das Erlebnis noch weiter steigern, indem Sie mehrere Lagen von Blumenzwiebeln mit aufeinanderfolgenden Blütezeiten übereinander einschichten. So entsteht schnell und einfach ein kleines Blütenwunder, das im folgenden Frühjahr strahlend in Erscheinung tritt.

Sie brauchen:
Einen großen Topf
Torffreies Substrat
Grobsand oder Feinsplitt
Blumenzwiebeln nach Wahl
Gießkanne

1. Nehmen Sie einen passenden Topf mit Wasserabzugslöchern. Fügen Sie torffreies Substrat ein, unter das Sie etwas Grobsand oder Feinsplitt für eine bessere Wasserführung gemischt haben. Drücken Sie das Substrat in diesem Stadium nur leicht an.

2. Legen Sie die Blumenzwiebeln mit der Spitze nach oben auf der Erdoberfläche mit einem ausreichenden Abstand von 5 cm ein (die Pflanzen brauchen Platz zum Wachsen). Drücken Sie die Zwiebeln leicht in die Erde, damit sie stehen bleiben.

3. Wenn Ihnen die Anordnung gefällt, drücken Sie die Blumenzwiebeln fester in die Erde, sodass sie dreimal so tief vergraben liegen, wie sie hoch sind. Die Zwiebeln meiner verwendeten Tulpe 'Danique' stecken 9 cm tief.

4. Füllen Sie Substrat über den Blumenzwiebeln an, bedecken Sie es mit Feinsplitt und gießen Sie an. Stellen Sie den Topf an einen geschützten Ort und sorgen Sie dafür, dass die Erde den Winter über feucht bleibt. Sie darf aber nicht nass sein. Im Frühjahr erscheinen grüne Triebe, die den Beginn der neuen Saison ankündigen.

1.

2.

3.

4.

WINTER

Die ruhigste Jahreszeit im Garten kann immer noch viel Arbeit bedeuten. Es gibt draußen wenig zu tun, doch im Winter denkt man darüber nach, was in der vergangenen Vegetationsperiode gut funktioniert hat (und was nicht). Man schmiedet Pläne für das kommende Jahr und bestellt Saatgut. Es gibt viel zu überlegen für das neue Jahr, wie z. B., welche Pflanzen Sie vermehren und was Sie im Garten verändern wollen.

Am besten ist es meistens, den Garten ruhen zu lassen. Stehen gebliebene Stängel und Samenstände von Stauden bieten nützlichen Insekten Unterschlupf und Überwinterungsmöglichkeiten und Vögel fressen die trockenen Samen. Im zeitigen Frühjahr werden sie sich dann über die Schnecken hermachen.

Draußen unterwegs

Der Winter bietet Gelegenheit, öffentliche Gärten zu besuchen und sich Anregungen zu holen. Ganzjährig für Spannung im Garten zu sorgen ist eine Herausforderung, doch man kann von erfahrenen Profi-Gärtnern viel lernen. Oft habe ich beim Besuch eines Parks oder öffentlichen Gartens viel mehr gelernt als in einem Gartenbaukurs. Auf diese Weise habe ich mir z. B. abgeschaut, wie man Pflanzenstützen baut (siehe S. 166–169).

Notieren Sie die Eigenheiten der Wintergärten: die Rinde von Gehölzen, immergrünes Laub oder bis in den Winter hinein blühende Blumen. Schreiben Sie alles auf und machen Sie Fotos. Dies alles können Sie bei den Planungen für das nächste Jahr berücksichtigen.

Glanzlichter im Winter

Wenn der Garten Ihre Bühne ist und der Winter der letzte Akt, dann soll das Publikum am Ende nicht einschlafen. Mit sinkenden Temperaturen geht es im Garten langsamer zu, doch er hat noch viel zu bieten. Investieren Sie in besondere Pflanzen, die im Winter und zu Beginn des Frühjahrs Aufmerksamkeit erregen. Ich persönlich liebe Nieswurz, Algerische Schwertlilie (*Iris unguicularis*), Leberblümchen (*Hepatica*), die kletternde *Clematis cirrhosa* und Schnee-Heide (*Erica carnea*). Wenn dann die Blüten rar werden, konzentrieren Sie sich auf andere Merkmale, wie die markante Rinde der Mahagoni-Kirsche (*Prunus serrula*), die in der Spätnachmittagssonne geheimnisvoll leuchtet, oder die roten Triebe mancher Hartriegel (siehe S. 182–183). Ein paar überlegt gewählte Ergänzungen werden bestimmt dafür sorgen, dass der Garten sogar mitten im Winter die Aufmerksamkeit auf sich zieht.

Arbeiten im Winter

- Samen bestellen (falls Sie im Herbst keine eigenen geerntet haben, siehe S. 148–151).
- Steckhölzer von Obst- und Ziergehölzen schneiden (siehe S. 130–135).
- Wurzelschnittlinge schneiden, etwa von Purpursonnenhut und Königskerze (siehe S. 133).
- Schnittgut aufbewahren, um im Frühjahr Pflanzenstützen daraus zu fertigen.
- Stellen Sie empfindliche Pflanzen an einem frostfreien Platz auf.

Dekoration aus Hartriegel

Eine selbst gemachte Dekoration aus gesammelten Zweigen und Laub in Kombination mit winterblühenden Pflanzen sorgt im Winter für Farben. Leuchtend rote Hartriegelzweige (*Cornus*) vom Gehölzschnitt bereichern in den kalten Monaten als auffällige, kostengünstige Dekoration.

Hartriegelzweige sind mit ihrer lebhaft gefärbten Rinde im Winter echte Glanzlichter. Die Sträucher wirken nicht nur im Beet fantastisch, sondern die abgeschnittenen Zweige sind den Winter über bis weit ins Frühjahr hinein ein roter und orangebrauner Blickfang. Einige der abgeschnittenen Zweige haben bis dahin Wurzeln geschlagen, sodass Sie im Frühjahr neue Pflanzen haben. Die übrigen Zweige können als Stützen für Erbsen und andere Pflanzen dienen.

Wie bei so vielen Gartentipps, die den Geldbeutel schonen, ist das richtige Timing entscheidend. Hartriegel muss man im Spätwinter oder zeitigen Frühjahr schneiden, damit sich bis zum folgenden Herbst und Winter neue Triebe bilden. Gleich nach dem Schnitt können Sie diese Dekoration anfertigen.

Sie brauchen:
Schneidwerkzeug
Pflanzgefäß
Gebrauchte Erde aus Töpfen oder torffreie Erde
Weitere Winterpflanzen (optional)

1. Schneiden Sie Hartriegel im Spätwinter oder zeitigem Frühjahr auf 15–20 cm Länge herab. Falls Sie keinen Hartriegel im Garten haben, fragen Sie nach, ob Ihnen Freunde oder Verwandte von ihrem Schnittgut abgeben (oder Sie bieten ihnen an, es selbst zu schneiden). Sie könnten auch Gärtnerinnen und Gärtner in öffentlichen Anlagen bitten, für Sie Schnittmaterial zur Seite zu legen.

2. Nehmen Sie ein mindestens 20 cm tiefes Pflanzgefäß, das Wasserabzugslöcher besitzt. Füllen Sie verbliebenes Substrat aus Töpfen ein oder nehmen Sie Erde von Maulwurfshügeln (siehe S. 69). Sie können auch frisches Substrat verwenden. Stecken Sie den ersten Zweig mindestens 8 cm tief ein oder so tief, dass er fest steht. Stecken Sie in gleichmäßigen Abständen mehr Zweige rund um das Gefäß ein.

3. Fügen Sie nach Belieben immer weitere Zweige hinzu, bis das ganze Pflanzgefäß gefüllt ist. Wenn die Zweige zum Befüllen nicht ausreichen, können Sie Winterfavoriten wie Frühlings-Alpenveilchen oder Lenzrosen hinzufügen, die für mehr Spannung sorgen.

4. Im Frühjahr ist es an der Zeit, die Zweige zu entfernen. Wenn Sie jeden einzelnen vorsichtig herausziehen, können Sie prüfen, ob er bewurzelt hat. Setzen Sie jedes bewurzelte Steckholz an einen neuen, geeigneten Platz.

1.

2.

3.

4.

IM EINKLANG MIT DER NATUR

Wenn Sie während des ganzen Jahres im Garten arbeiten, passen Sie sich an und entwickeln Ihre eigene Routine. Sie werden den Jahreszeiten entsprechend vorgehen und das bereits Vorhandene verwenden. Im Garten können Sie experimentieren, forschen, lernen und Spaß haben. Das alles kostet so gut wie nichts, wenn Sie ein paar einfache Richtlinien befolgen.

Wie groß oder klein Ihre Anbaufläche ist, spielt keine Rolle. Selbst auf einem Balkon oder einer Fensterbank können Sie die gleichen Prinzipien anwenden, nur in kleinerem Maßstab, und es kostet nicht viel.

Das Beste aus Pflanzen machen

Wenn Sie sparsam und kreativ sind, überlegen Sie sich den Kauf von Pflanzen genau. Denken Sie nach, welchen Kriterien sie entsprechen müssen, sodass die Ausgaben sich wirklich lohnen. Bewusstes Einkaufen wird zur Routine, wenn Sie gelernt haben, mit geringen Investitionen etwas Schönes und Einzigartiges zu schaffen. Der Kauf teurer Blütenpflanzen gehört bald der Vergangenheit an, weil Sie viele geliebte Pflanzen bereits in Ihrem Garten haben. Wenn Sie wollen, können Sie daraus noch mehr machen. Vielleicht haben Sie nun Lust, verschiedene Vermehrungstechniken auszuprobieren, und entdecken weitere Pflanzen und Kombinationen.

Das nachhaltige Gärtnern im Einklang mit der Natur lernt man schnell. Nichts, was im Garten wächst, wird verschwendet. Brennnesseln ergeben wertvollen, stickstoffreichen Dünger, Grasschnitt wird zu Mulch, und Heckenschnitt dient als Pflanzenstützen.

Mit der Natur arbeiten

Die Natur zu beobachten und mit ihr statt gegen sie zu arbeiten, spart eine Menge Geld und macht viel Freude. Dinge, die man zur richtigen Zeit tut, bedeuten viel weniger Aufwand. Wenn Sie Pflanzen selbst vermehren, verstehen Sie, wie sie wachsen. Birgt Ihr Garten eine Vielzahl verschiedener Pflanzen, schaffen und erhalten Sie ein Ökosystem, das wiederum Ihnen unter die Arme greift. Wenn Ihr Garten Nahrung, Unterschlupf und ein Zuhause für Wildtiere bietet, tragen diese dazu bei, weniger erwünschte Gartenbesucher einzudämmen, wie z.B. Tiere, die an Ihren Pflanzen knabbern. Sie werden jeden Tag erleben, wie Wildtiere Ihren Garten unterstützen.

Einfallsreichtum

Wiederverwenden, Umwidmen, Kreativität und das Vermehren von Pflanzen sparen eine Menge Geld, und gleichzeitig entsteht ein robuster und gesunder Garten für die Zukunft: anpassungsfähig, nachhaltig und schön. Ich persönlich strebe ein maximales Ergebnis bei minimalem Aufwand an. Ich wünsche Ihnen, dass auch Sie Ihren Wunschgarten verwirklichen können, indem Sie einige der einfachen Methoden aus diesem Buch anwenden.

INSPIRATIONSQUELLEN

Empfohlene Bücher

Die genannten Bücher sind eine gute Investition für jeden sparsamen Gartenfreund. Die Anschaffung lohnt sich, aber Sie können sie auch in der örtlichen Bücherei ausleihen.

RHS Die neue Garten-Enzyklopädie, **herausgegeben von Christopher Brickell (DK, 2016)**
Dies ist meine Bibel. Jeder sollte dieses Buch haben. Es ist eine sehr zuverlässige Informationsquelle zu Gartenpflanzen.

RHS Die neue Gartenschule – Planen, pflanzen, pflegen, ernten **(DK, 2023)**
Das Buch enthält im Grunde alles, was man beim Gärtnern wissen muss.

RHS Richtig gut gärtnern **(DK, 2022)**
Gartenarbeit wird leicht verständlich und anschaulich erklärt. Zielgerichtetes Gärtnern bedeutet immer Kostenersparnis.

Frische Ernte zum kleinen Preis, **Huw Richards (DK, 2021)**
Ein prima Buch für kostenbewusste Hobbygärtner, die ihr eigenes Obst und Gemüse anbauen wollen.

DIY im Garten **(DK, 2023)**
Die praktischen Anleitungen sind hilfreich, um mit geringen Kosten Erstaunliches und Außergewöhnliches zu schaffen.

Pflanzen im Topf, **Geoff Stebbings (DK, 2021)**
Man erfährt alles Wesentliche zur Kultur von Nutz- und Zierpflanzen in Pflanzgefäßen.

Websites

Royal Horticultural Society (RHS)
rhs.org.uk
Für mich ist das die wichtigste Informationsquelle. Der Internetauftritt enthält alles, was man fürs Gärtnern wissen muss, und ist immer aktuell.

Pinterest
pinterest.com
Im Winter halte ich auf dieser Plattform oft Ausschau nach neuen Ideen. Sparsame Gartenfreunde finden hier viele Anregungen.

www.nabu.de/umwelt-und-ressourcen/oekologisch-leben/balkon-und-garten
Der Naturschutzbund Deutschland e.V. bietet im Internet viele Informationen zum naturnahen Garten und zu Wildtieren im Garten, dazu Videos und Online-Schulungen.

www.bund-naturschutz.de/oekologisch-leben/naturgarten
Hier finden sich viele Informationen zur Anlage und Pflege von wildtierfreundlichen Gärten im Jahreslauf.

naturgarten.org
Naturgarten e.V. setzt sich für eine nachhaltige Gartengestaltung ein, um die biologische Vielfalt zu fördern. Der Internetauftritt liefert praktische Anregungen für einen naturnahen Garten.

REGISTER

Fette Seitenzahlen beziehen sich auf Bildunterschriften.

S

T

U V

Dank der Autorin

Ich widme dieses Buch meiner Mutter, die mich vor mehr als 30 Jahren in die Methoden der Pflanzenvermehrung eingeführt und dadurch eine regelrechte Leidenschaft entfacht hat, sowie meiner Schwiegermutter, die leider verstorben ist, bevor ich ihr von diesem Buch berichten konnte. Sie gab mir vielerlei Anregungen auf ganz unterschiedlichen Gebieten. Sie wäre stolz und ich bin froh, aus ihrem Garten heraus Pflanzen vermehrt zu haben, bevor sie starb. Ihr Vermächtnis bleibt in meinen Staudenrabatten und in diesem Buch lebendig. Von ganzem Herzen danke ich meinen Jungen Richard, William und Edward für ihre Liebe und ihre täglichen Anregungen. Ihr seid alles für mich.

Großer Dank geht an Chris Young, der mir die wunderbare Chance bot, und an das tolle Team bei Dorling Kinderley: Amy Slack, Barbara Zuniga, Ruth O'Rourke, Maxine Pedliham, zusammen mit dem grandiosen Fotografen Britt Willoughby-Dyer, der Lektorin Jane Simmonds und der Herstellerin Nikki Ellis. Ihr seid die Besten!

Ein besonderes Dankeschön richte ich an meine liebe Freundin Katy Dunn, die schon vor Jahren an mich geglaubt hat und mich gebeten hatte, für unser Gemeindeheft »Clarion« zu schreiben. Ein lauter Tusch geht an meinen lieben Freund und Blumenmeister Claus Dalby. Du hast mich inspiriert!

In Liebe, Anya

Dank des Verlegers

DK dankt Polly Boyd und Sonya Patel Ellis für die erste Durchsicht und Lisa Footitt für die Erstellung des Registers.

Anya Lautenbach hat sich selbst ins Gärtnern eingearbeitet und ist sowohl an der Umwelt wie auch an Neurodiversität interessiert. Sie ist in Polen aufgewachsen, war viele Jahre lang in Deutschland und in den schottischen Highlands unterwegs und lebt jetzt mit ihrem Mann und ihren beiden Söhnen in Buckinghamshire, Großbritannien. Dort befindet sich ihr Garten, der dank jahrelanger Vermehrung von Pflanzen und schlauen Tricks wunderschön ist.

Anya vermehrte schon immer mit großer Begeisterung Pflanzen. In den sozialen Medien teilt sie ihre Kenntnisse mit ihren Followern. Dort gibt sie als »Anya the Garden Fairy« verständliche Anleitungen zu Techniken im Garten und verrät Tipps und Tricks, wie man mit geringem Aufwand im Einklang mit der Natur höchst wirkungsvolle Gärten anlegen kann.

Anya nutzt ihre Internetpräsenz auch, um das Bewusstsein für neurologische Zusammenhänge und den positiven Einfluss des Gärtnerns auf die psychische Gesundheit zu wecken. Sie beweist, dass man für die Gartenarbeit weder teure Geräte noch eine spezielle Ausbildung braucht. Jede und jeder kann seinen Garten umgestalten und etwas wirklich Erstaunliches schaffen.

Sie finden Anya online auf:
Instagram: @anya_thegarden_fairy
Facebook: @anya_thegarden_fairy
Tiktok: @anyathegardenfairy
Youtube: @anyathegardenfairy
Website: www.anyalautenbach.com

DK Penguin Random House

DK London
Lektorat Katie Cowan, Ruth O'Rourke, Amy Slack, Jane Simmonds
Fachberatung Chris Young
Gestaltung und Bildredaktion Maxine Pedliham, Barbara Zuniga, Nikki Ellis
Umschlaggestaltung Emily Cannings
Herstellung Tony Phipps, David Almond, Stephanie McConnell, Heather Blagden
Fotos Britt Willoughby

Für die deutsche Ausgabe:
Verlagsleitung Monika Schlitzer
Programmleitung Heike Faßbender
Redaktionsleitung Dr. Kerstin Schlieker
Projektbetreuung Manuela Stern
Herstellungsleitung Dorothee Whittaker
Herstellungskoordination Claudia Rode
Herstellung und Covergestaltung Sabine Hüttenkofer

Titel der englischen Originalausgabe:
The Money-Saving Gardener

Übersetzung Agnes Pahler
Lektorat Eva Sixt

ISBN 978-3-8310-5029-1
5902-336741-23630-01

Druck und Bindung Leo Paper Products, China

FSC www.fsc.org
MIX
Papier | Fördert gute Waldnutzung
FSC® C018179

www.dk-verlag.de